英国郵便史

ペニー・ブラック物語

内藤陽介

日本郵趣出版

Contents

英国郵便史 ペニー・ブラック物語

ペニー・ブラックを解剖する

ペニー・ブラックとその時代

英国郵便の曙

イギリス革命の荒波の中で

ペニー・ブラックを解剖する

はじめに

1840年5月、英国で世界最初の切手が発行されました。この切手は、ヴィクトリア女王を描いた黒色の1ペニー切手だったことから、ペニー・ブラックもしくはブラック・ペニーと呼ばれています。

1840年といえば、中国のアヘン戦争が勃発した年で、わが国では水野忠邦の〝天保の改革〟の最中ですから、その年の切手ということになれば、立派なアンティークの一品です。ただ、その割には残存数が多く、国内外の切手商やネットオークション等（外国の切手を日本で入手する場合の代表的なオークションサイトとしては、たとえば、eBay等が挙げられます。切手のページのURLはhttp://www.ebay.com/rpp/stamps）で入手することは難しくはありません。

実際、切手収集家はもとより、特に切手を集めていないという人であっても、可能であれば、話のタネに1枚くらいは〝世界最初の切手〟であるペニー・ブラックを手に入れたいという人も多いのではないかと思います。

そこで、本書では、まず、難しい理屈は抜きにして、これから実際にペニー・ブラックを手に入れようという人が、どんなところに注意・注目すればよいのか、簡単にご説明することにしました。

図2 未使用のペニー・ブラック

図3 使用済のペニー・ブラック

"世界最初の切手"はいくらで買えるのか

図1 ギボンズ・カタログのページより。左は表紙

英国で発行されているスタンレー・ギボンズ社のカタログ（図1）は、英国とその関連地域（旧英領地域や英連邦諸国など）の収集には欠かすことのできない必携書ですが、同書の最新版（2013年版）によると、周囲のマージン（7頁参照）がきちんとあり、極端な退色などのない状態のペニー・ブラック1枚（単片）の評価は、未使用で13000ポンド、使用済で375ポンドとなっています。

一般に、切手カタログの評価は、実際の市場価格よりも高めに設定されていますので、ペニー・ブラックの場合も、実際の市場価格としては、未使用3000ポンド前後（図2）、使用済1枚200ポンド前後（図3）。本書制作時（2015年8月末）の**1ポンド＝約186円**というレートで考えると、未使用はだいたい60万円前後、使用済は3〜4万円というのが標準的な相場となります。

ちなみに、ペニー・ブラックとほぼ同時に発行された額面2ペンスの"ペンス・ブルー（図4。厳密にいうと、ペニー・ブラックと同時に発行すべく準備が進められていたものの、作業の遅れから、実際の発行はペニー・ブラックよりも数日遅れました。このあたりの詳細は、本書108頁をご覧ください）〟は、ペニー・ブラックに比べて発行枚数が10分の1ということもあって、使用済のカタログ評価が未使用で35000ポンド、使用済が850ポンドですので、ペニー・ブラックに比べると、かなり敷居が高いと思います。

なお、ペンス・ブルーに関しては、1840年に発行された切手はペニー・ブラックと同じデザインですが、翌1841年には上下に白線が加わったもの（図5）が発行されていますので、注意してください。

以上のような事情を考えると、とりあえず〝世界最初の切手〟を手に入れてみようと思ったら、まずは、ペニー・ブラックの使用済（単片）にターゲットを絞るのが現実的でしょう。

図5 1841年に発行された、上下白線入りのペンス・ブルー

図4 1840年に発行されたペンス・ブルー

フル・マージンの切手を探そう

図6 フル・マージンのペニー・ブラック

切手に限らず、いわゆるコレクターズ・アイテムの場合、コンディションによって市場での売買価格は大きく違ってきます。

ペニー・ブラックの場合、コンディションで最初に問題となるのは、〝マージン〟です。

一般に、切手というと目打（周囲のミシン目）のイメージが強いかもしれませんが、世界で最初に目打の入った切手が発行されたのは１８５４年のことで、１８４０年に発行されたペニー・ブラックには目打は入っておらず、ハサミで１枚ずつ切り離さなければなりませんでした。

このため、切手の印面（〝切手〟として印刷されている部分）と印面の間の余白（マージン）のちょうど中心にハサミがまっすぐ入れば、周囲四方に余白がある状態となりますが、少し手元が狂うと、切手の枠内に切り込んでしまうことになります。

ここで、周囲四方に余白がきちんと

1840年のロンドン郵便局を描く手彩色の鋼版画。建物2階が英国郵政省になっている。

図9 マージンが全くない状態のペニー・ブラック

図8 2マージンのペニー・ブラック

図7 3マージンのペニー・ブラック

ある状態を〝フル・マージン〟といい（図6）、1辺が印面に食い込んでいれば〝3マージン〟（図7）、2辺が食い込んでいれば〝2マージン〟（図8）と呼ばれます。はなはだしくは、4辺すべて、印面にハサミが食い込んでいて、マージンが全くない状態の切手（図9）もあります。

カタログの評価は、フル・マージンの状態のもののうち、余白の広さが標準的なものを基準としています。隣の切手に食い込むほどに余白が広ければ、そうした切手は評価が高くなります（図10）。

一方、当然のことながら、マージンの少ない切手は市場価値が大きく損なわれます。標準的なフル・マージンの切手の使用済の市場価格が日本円では3〜4万円であれば、3マージンの切手は2万円前後、全くマージンのない切手であれば、5000円前後で十分に入手は可能となります。

したがって、とにかく何でもいいから、できるだけ安く（ホンモノの）ペニー・ブラックを1枚手に入れたいということであれば、全くマージンのない切手を買うというのも一つの考え方ではあります。ただし、長く手元に置いて大事にしたいというのであれば、やはり、フル・マージンのしっかりした切手を入手されることを強くお勧めします。少なくとも、何らかの事情でペニー・ブラックを処分するということになった時、フル・マージンの切手にはそれなりの値段がつく可能性が高いのですが、そうでなければ、二束三文にしかならないということは留意しておいてください。

ペニー・ブラック使用開始3日目の使用例。1840年5月8日、ロンバード・ストリート局引き受け、ロンドン本局で消印。

図10 かなり幅の広いフル・マージンの例

注意すべきはニセモノより変造品

ところで、切手商やネットオークション等で売られているペニー・ブラックがはたして本物なのかどうか、不安があるという方も多いと思います。

　結論からいうと、きちんとした切手商から購入する場合、ニセモノのペニー・ブラックをホンモノと偽って売りつけられる可能性は、限りなくゼロだと考えていただいて結構です。

　それでは、〝きちんとした切手商〟というのはどうやって見分けるのかという話になりますが、とりあえず、日本国内でいえば、全日本切手展や全国切手展（JAPEX《ジャペックス》）、スタンプショウなどの全国規模の展覧会や東京・有楽町の交通会館や大阪の味覚糖UHA館等で行われる大規模イベントにブースを出展している業者、日本郵便切手商協同組合

図11 1990年に発行されたロンドン国際切手展の小型シートにはペニー・ブラックが模刻されているが、1840年の切手に比べると画線はかなりシャープである。

などの業界団体に加入している業者であれば、まず安心です。

海外の業者に関しても、たとえば、アメリカ切手商組合(ASDA：American Stamp Dealers Association)に加盟の切手商や、eBayなどのネットオークションでも数百レヴェルでポジティヴな評価がついている出品者(たいていは中堅クラス以上の切手商です)であれば、まず信用してよいと思います。

ちなみに、本の表紙や各種のグッズなどのデザインとして描かれている〝ペニー・ブラック〟は、多くの場合、実物を忠実に撮影(ないしはスキャン)したものというより、イメージ図として描き起こしたモノ(図11)ですので、実物に比べると、画線がかなりシャープです。これに比べると、１８４０年の切手は、なんとなくぼんやりした印象ですから、見慣れてくると区別は簡単です。

また、ペニー・ブラックが印刷されている用紙は、１５０年以上も前の紙ですから、純白ということはなく、灰味がかったクリーム色ともいうような、独特の風合いがあります。

もちろん、真贋の判定はこれだけではないのですが、何度かホンモノを見た経験があれば、近年に作られた複製を見分けることは、難しいことではありません。

むしろ、注意すべきは、状態の悪い切手を変造して、状態の良い切手に見せかけて、高値で販売するケースでしょう。

前にも述べたように、目打のないペニー・ブラックの場合、フル・マージンと3マージン以下では、大きく値段が違ってきます。そこで、たとえば、印面に切り込みが食い込んでいる切手に、裏側から紙を当てて、あたかもフル・マージンであるかのごとく偽装するというケースが稀にみられます。

特に、細工が巧妙で、少し見ただけではホンモノのフル・マージンと見分けがつかないようなモノは、プロの切手商でもうっかりと騙されることがありますので、注意が必要です。

英国の切手には国名表示がない

1840年に発行された世界最初の切手、ペニー・ブラックには“大英帝国”とも“連合王国”とも表示がありません。あるのは、“郵税（POSTAGE）”の文字と1ペニーという額面の表示だけです。

当初は、英国しか切手を発行していなかったため、そのことで不都合はなかったのですが、1843年、スイスのカントン（州）のひとつであるチューリッヒとブラジルで切手が発行され、以後、世界各国は相次いで切手を発行していきました。

そうなると、どの政府がその切手を発行したのか明確に区別するために、それぞれの切手には発行国の名が記されるようになります。

しかし、イギリスは、その後もかたくなに切手に国名を表示することを拒否しています。その理由は以下の通りです。

いわく、最初に切手を発行したのは我々だ。だから、切手といえば、本来、我々の国のものだ。後から我々を真似て切手を発行するようになった国こそ、英国の切手と区別するために国名を表示すべきなのだ…。

とはいえ、現実には、英国にしても、自国の切手と他国の切手を区別する必要があります。そこで、英国の切手には、国名を表示しない代わりに、必ず、国王（女王）の肖像またはシルエットを入れることになっています。

英国で現在使われているマーチン・タイプの普通切手にも国名は入っていない。

北アイルランド、ベルファスト局のマルタ十字印。全体に線が細い印象

使用済切手と消印

さて、ペニー・ブラックの使用済を1枚、入手しようという場合、やはり、どんな消印が押されているかも気になるところです。

ペニー・ブラックに押されている消印の多くは、〝マルタ十字印〟と呼ばれるデザインのもの（マルタ十字印については本書104～105頁）で、当初の印色は赤色でした。（図12）

しかし、実際に使用を開始してみると、赤いインクは洗い落とせることが分かったため、後にインクの色は黒に変更されました。（図13）

ただし、消印に使うインクの配合は郵便局の現場で行われたため、一部の郵便局では、インクの配合ミスなどから、例外的に、茶色やピンク色、紫色や黄色の印が押された事例もあります。（図14・15・16）

ちなみに、赤色の消印は1841年2月に使用が禁止されたため、赤色の消印がある切手は、それ以前に使用されたものであることがわかります。

余裕があれば、赤色の消印の切手と黒色の消印の切手をそれぞれ集めたいところですが、どちらか1枚のみということでしたら、やはり、時代的に早いということに加え、赤色の消印の方が背景となる黒地の切手に映えるというヴィジュアル上の理由からも、赤色の消印の切手をお勧めします。

ところで、マルタ十字印の印顆《いんか》は一つずつ職人が手で彫刻したため、印影は一つずつ微妙に異なっています。その微妙なタイプ違いについては専門家によってリストが作られていますから、それと照らし合わせれば、その消印が使われた郵便局を特定することも可能

マルタ十字印の色バリエーション

図12 赤色のマルタ十字印が押された
ペニー・ブラック

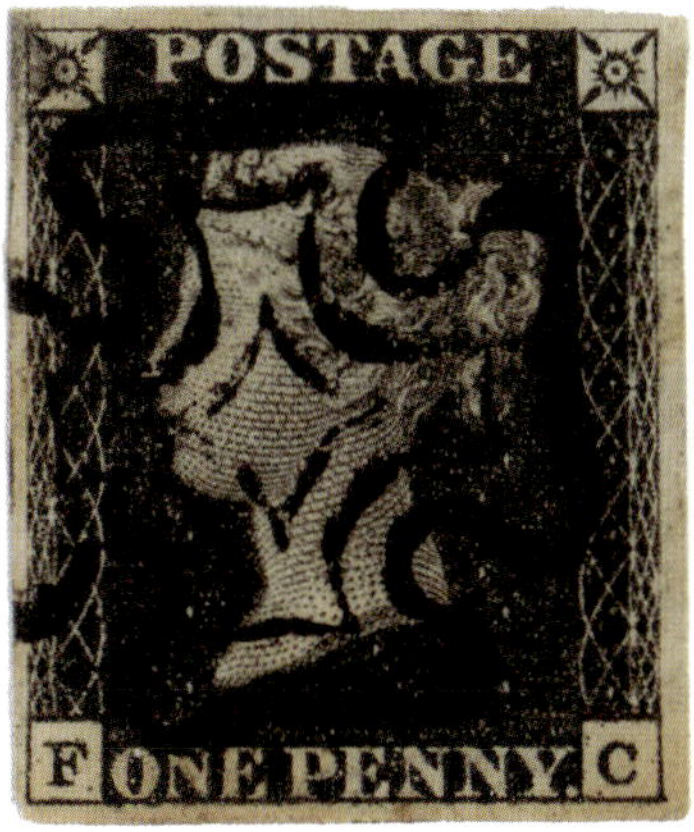

図13 黒色のマルタ十字印が押された
ペニー・ブラック

図14 例外的な印色のマルタ十字印が押されたペニー・ブラック。左から、茶、紫、サーモン・ピンク

図15 橙赤のマルタ十字印

図16 赤茶のマルタ十字印

です。（図17）
リストとしては、各種の専門的な文献の他、たとえば、The Maltese Crossのウェブサイト（http://philatelics.org/~allan/shrop/mx/main.html ）が無料で公開されていますので、これを利用するというのも良いでしょう。特に、英国内のどこか特定の都市に何らかの思い入れがあるような場合には、その都市の消印が押された切手を買ってみるというのも楽しいかもしれません。

図17 マルタ十字印のヴァラエティ。使用された局によって、印影が微妙に異なっているのがわかる。

なお、当時の英国では、消印は切手1枚ずつすべてに〝きちんと押印する〟よう通達が出されていたため、残されている切手は、女王の肖像を覆うように印面全体に消印が押されているもの（いわゆる満月消）がほとんどです。たしかに、切手の再使用を防ぐという消印の役割からするとやむを得ないのですが、やはり、女王の御尊顔がべったりと塗りつぶされているような感じのものは印象が良くありません。
また、押印する時の力が強すぎて印

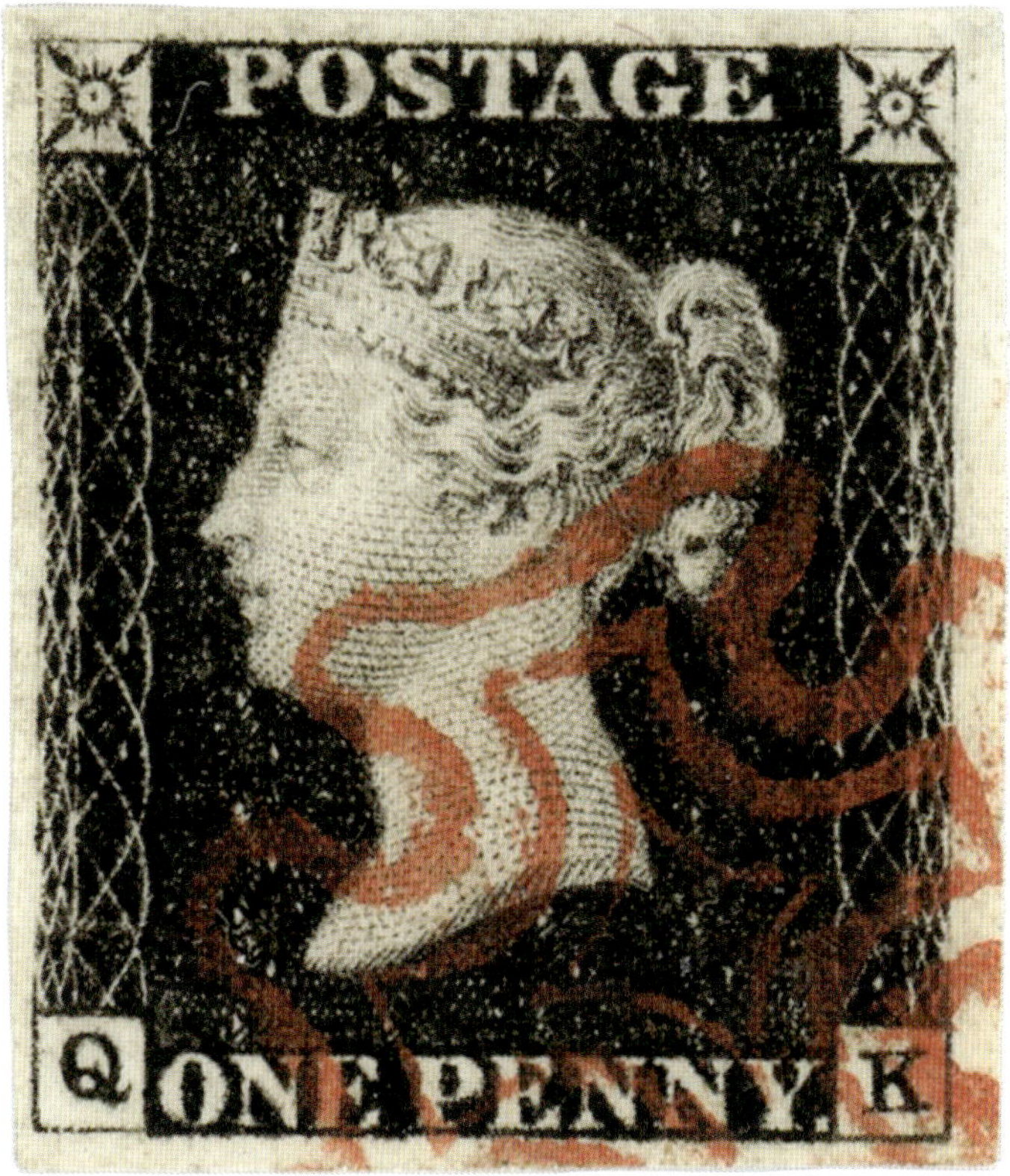

図18b クリアプロフィール

図18a マルタ十字印が二重に押された例

影が潰れていたり、印が二重に押されたようになったりしているものも、見栄えが悪いので、出来るだけ避けたいところです。（図18a）

このため、女王の顔の部分に消印がかからず、なおかつ、消印のタイプが明瞭にわかるような使用済は〝クリア・プロフィール〟（図18b）として、収集家の間では人気が高く、しばしば、通常のモノに比べてコンディションが良いため市場価格が高くなることもあります。

実際にペニー・ブラックを購入する場合には、消印の状態にも注意を払っておくとよいでしょう。

版によって評価が違う

ところで、切手収集の世界では、専門的なコレクターになると、一見、同じように見える切手であっても、細かい部分の差異を見つけて分類することで〝種類〟を増やし、それらを網羅的に集めていくようになります。

そうした分類による差異はきわめて微細なものであることも多いので、関心のない人にはなかなか理解されないマニアックな世界と思われるかもしれません。

ただ、専門的な分類の結果、〝同じ切手〟であっても、片やごくごくありふれた50円の駄物、片や極めて珍しいヴァラエティで数十万円の大珍品ということも往々にしてありますので、ある程度の知識を頭に入れておくに越したことはないでしょう。

ペニー・ブラックの場合、そうした専門的な分類によって、市場価格が大きく左右されるポイントは、〝版〟にあります。

ペニー・ブラックの印刷には、12種類の版（実際に印刷に使用された版なので〝実用版〟とよばれます）が使われました。専門的には、これら12の版には、印刷所での製版記録順に1a、1bと2から11までの番号を振って分類しています。

左ページを見ていただくと、後期の版になるほど、印刷数が少なくなるため、評価が高くなる傾向にあることがお分りいただけるかと思います。

特に10版と11版に赤のマルタ十字印が押された切手は非常に高価となっていますが、これは、10版の製版記録が1840年12月8日、11版の製版記録が1841年1月27日であるのに対して、赤いマルタ十字印は1841年2月に使用禁止となったため、押印される機会が他の版の切手に比べて非常に少なかったことによるものです。

一方、初期に印刷された1a版や2版などは、赤いマルタ十字印の時代に多く使われたため、黒いマルタ十字印の使用済が少なく、評価も高くなっています。

なお、消印と版の関係でいうと、5版くらいまでは赤印が多く、6版以降になると黒印が多くなる傾向がありますので、おおよその目安として頭に入れておくとよいかもしれません。

インターネットなどを通じて、英国の専門業者からペニー・ブラックを購入する場合には、その切手がどの版で刷られたか、すでに分類がなされていることが多いので、基本的には、珍しい版の切手の掘り出し物もない代わりに、版の分類にあまり頭を悩ませることもありません。

版ごとの使用済単片の評価目安

各版の使用済の市場価格。消印色別（赤と黒）に分類。カッコ内は状態等による価格の目安で、幅があります。（単位はポンド）

2版 赤印 350（200〜400）黒印 650（350〜800）

1b版 赤印 350（200〜400）黒印 350（250〜600）

1a版 赤印 350（250〜500）黒印 1100（600〜1200）

5版 赤印 350（250〜500）黒印 350（250〜500）

4版 赤印 350（250〜500）黒印 350（250〜500）

3版 赤印 475（400〜800）黒印 475（400〜800）

8版 赤印 500（300〜600）黒印 500（300〜600）

7版 赤印 375（250〜500）黒印 375（250〜500）

6版 赤印 350（250〜400）黒印 350（250〜400）

11版 赤印 40000（市場に殆ど現れない）黒印 4500（2500〜4000）

10版 赤印 1500（700〜1400）黒印 900（500〜900）

9版 赤印 600（350〜700）黒印 600（350〜700）

第1b版の横3枚連。チェックレター　BI - BJ-BK

➡**ヨコ列：**切手右下の文字 A〜L

⬇**タテ列：**切手左下の文字 A〜T

AA	AB	AC	AD	AE	AF	AG	AH	AI	AJ	AK	AL
BA	BB	BC	BD	BE	BF	BG	BH	BI	BJ	BK	BL
CA	CB	CC	CD	CE	CF	CG	CH	CI	CJ	CK	CL
DA	DB	DC	DD	DE	DF	DG	DH	DI	DJ	DK	DL
EA	EB	EC	ED	EE	EF	EG	EH	EI	EJ	EK	EL
FA	FB	FC	FD	FE	FF	FG	FH	FI	FJ	FK	FL
GA	GB	GC	GD	GE	GF	GG	GH	GI	GJ	GK	GL
HA	HB	HC	HD	HE	HF	HG	HH	HI	HJ	HK	HL
IA	IB	IC	ID	IE	IF	IG	IH	II	IJ	IK	IL
JA	JB	JC	JD	JE	JF	JG	JH	JI	JJ	JK	JL
KA	KB	KC	KD	KE	KF	KG	KH	KI	KJ	KK	KL
LA	LB	LC	LD	LE	LF	LG	LH	LI	LJ	LK	LL
MA	MB	MC	MD	ME	MF	MG	MH	MI	MJ	MK	ML
NA	NB	NC	ND	NE	NF	NG	NH	NI	NJ	NK	NL
OA	OB	OC	OD	OE	OF	OG	OH	OI	OJ	OK	OL
PA	PB	PC	PD	PE	PF	PG	PH	PI	PJ	PK	PL
QA	QB	QC	QD	QE	QF	QG	QH	QI	QJ	QK	QL
RA	RB	RC	RD	RE	RF	RG	RH	RI	RJ	RK	RL
SA	SB	SC	SD	SE	SF	SG	SH	SI	SJ	SK	SL
TA	TB	TC	TD	TE	TF	TG	TH	TI	TJ	TK	TL

シート上のチェック・レターの配列

チェック・レターとは、切手下部の左右のコーナーに入れられたアルファベットで、シート上の位置を示すもの。

ヨコ列のチェック・レター

タテ列のチェック・レター

第1a版の横ペア。チェックレター　CD-CE

第6版の田型ブロック。チェックレター　MD-ME / ND-NE

耳紙の文言

　ペニー・ブラックのシートの耳紙には、利用者に向けての“使用上の注意”が印刷されています。その文言は、以下の通りです。

Price 1d Per Label. 1/- per Row of 12. £1 Per Sheet.（値段は、ラベル１枚につき１ペニー、1列12枚につき1シリング、１シートにつき１ポンドです）
Place the Labels ABOVE the address and towards the RIGHT-HAND SIDE of the Letter.
（ラベルは住所の上方、郵便物の右側に貼ってください）
In Wetting the Back be careful not to remove the Cement
（裏面を濡らす場合には、裏糊を落とさないよう注意してください）

　当時の人々は、現在では“(postage) stamp”の語が定着している切手のことを“Label”、“gum”の語が定着している裏糊のことを“Cement”と呼んでいたことがわかります。

耳紙の文言の“to remove the Cem(ent)”の一部が見える使用済

第6版の横ペア。チェックレター　KK-KL

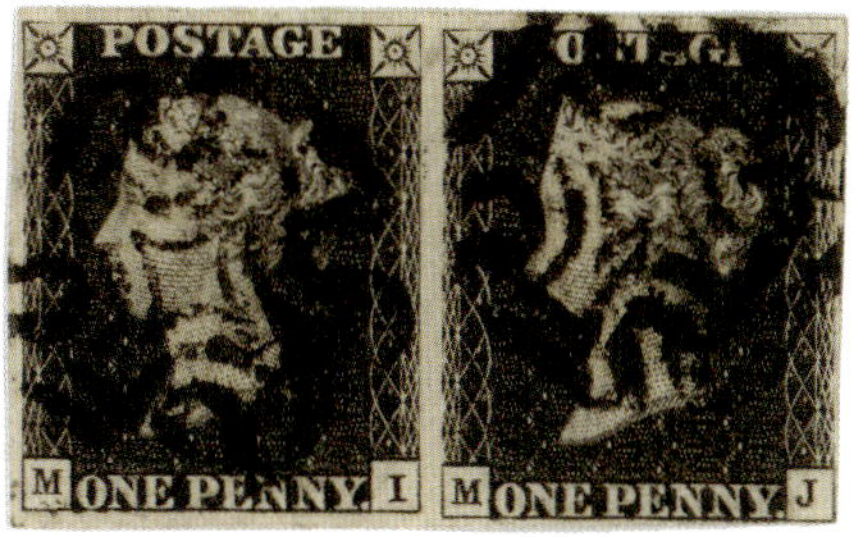

第5版の横ペア。チェックレター　MI-MJ

　これに対して、日本を含む英国以外の切手商は、版の分類をせずに〝ペニー・ブラック〟を一括りにして販売していることが多いので、自分の持っている切手の版が知りたければ、自分自身で分類する必要が出てきます。
　ペニー・ブラックの版を分類する方法としては、切手の左下と右下に入れられている〝チェック・レター〟と呼ばれるアルファベット（詳細は本書102～103頁）の部分を調べるのが一般的です。
　チェック・レターは、ＡＡからＴＬ

図19 チェック・レターの違いによる版分類の例

第1a 版
Fの下にヒゲがある。

第4版
Pが二重に刻印されている。
（ダブル・レター）

第5版
左のFが下寄りで、下のセリフが長い。

第7版
Bが左に傾いている。

第10版
Hが右寄りで左に傾いている。

第11版
Bが右上で右に傾いている。

まで240通りの組み合わせがありますが、そのアルファベット部分は、職人がパンチと呼ばれる工具をハンマーで一つずつ叩いてくぼみをつけることで、実用版が作られました。

　このため、版を作るごとに、それぞれの文字は四角の枠の中で上下左右に寄っていたり、傾いていたりするなど微妙な差異があるわけで、その特徴を確認することによって、それぞれの切手がどの版で印刷されたモノかを特定できるというわけです。（図19）

　そうしたチェック・レターの差異をまとめたものとしては、大手オークション会社SPINKのウェブサイトで無料の画像が公開されているので、関心のある方は、まずはご覧いただくのが良いでしょう。

　また、それ以外のウェブサイト（まとめて24頁で紹介）も参考になると思います。

　ペニー・ブラックについては、これまでにもさまざまな角度から少なから

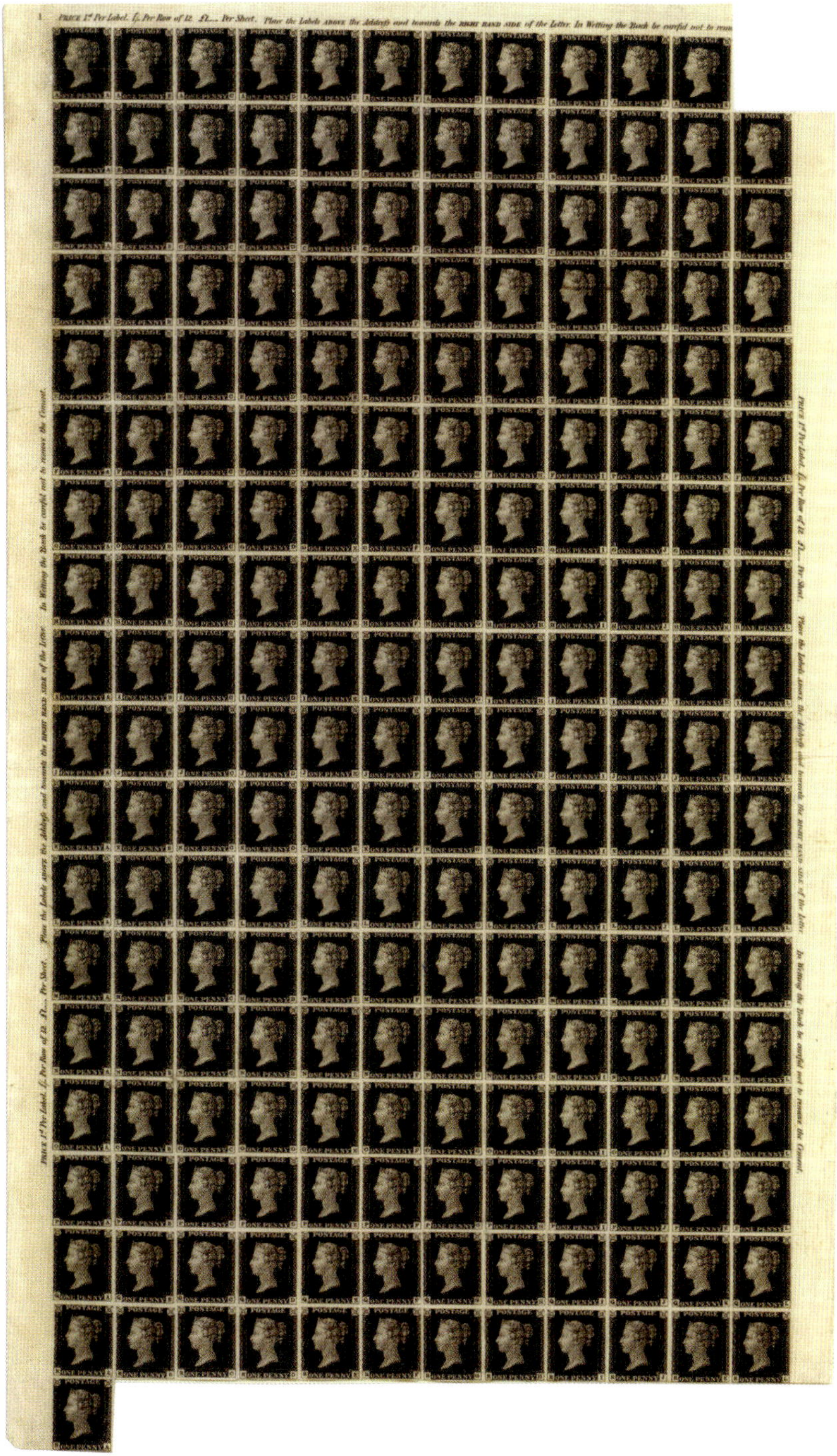

未使用最大のブロック。ほぼシートの原型に近い（1a版）

図20 VR公用切手

ぬ専門書が出版されていますが、専門書の常としていずれも発行部数が少なく、その多くは絶版もしくは〝版元品切れ・重版未定〟の状態となっています。特に、プレーティングという、ちょっとマニアックな分野についてはその傾向が顕著なのですが、とりあえず、〝古書〟などとしてインターネット上で比較的入手が容易と思われるものとしては、24頁のリストをご参照下さい。

いずれにせよ、版の分類はかなり専門的な作業になりますので、ひとまず、1枚だけ入手しておけば十分という場合には、神経質にこだわる必要はないかと思います。ただ、同じ〝ペニー・ブラック〟であっても、状態に加え、版（と消印の組み合わせ）によって、市場価格にも大きな差が出ることがあるということだけは、頭に入れておいてください。

なお、チェック・レターに関連して、一つ補足しておくと、ペニー・ブラックには、公用郵便用として準備されたものの不発行に終わった切手（図20）があ

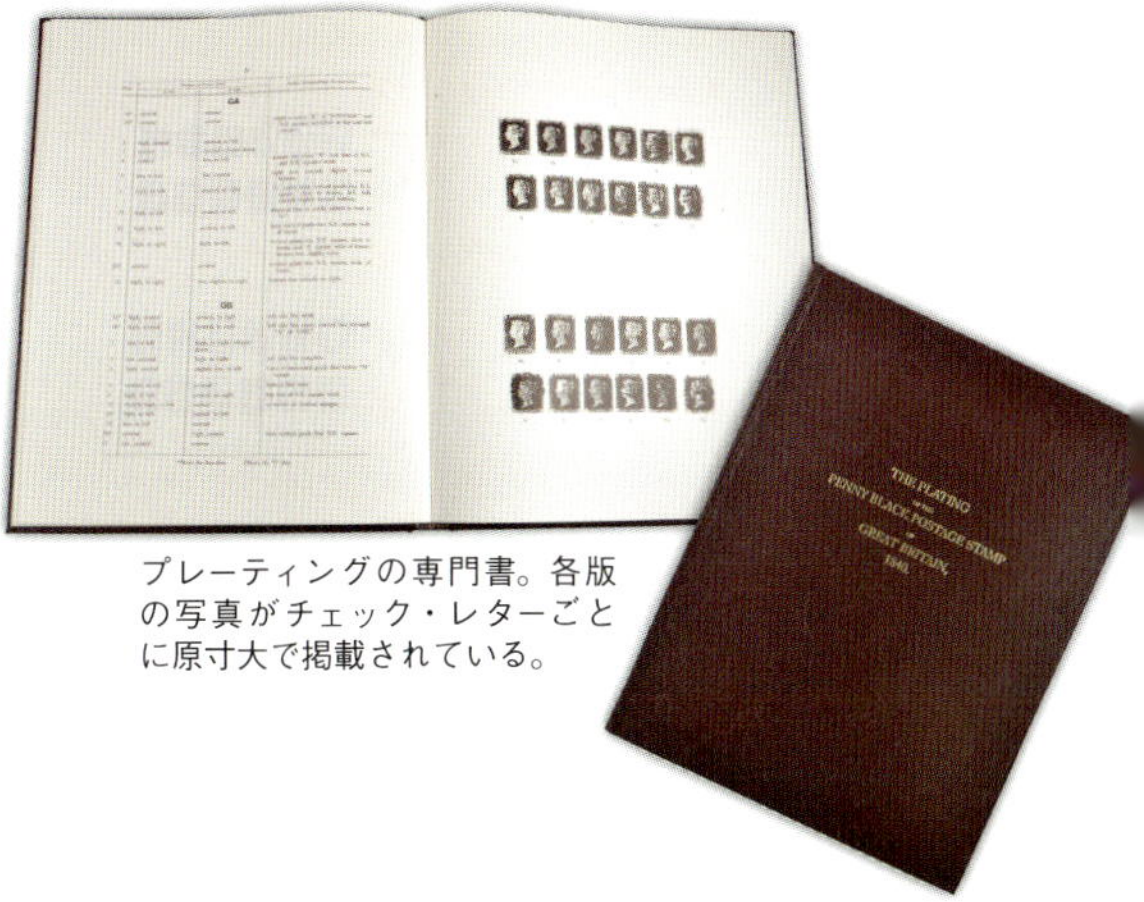

プレーティングの専門書。各版の写真がチェック・レターごとに原寸大で掲載されている。

同じくプレーティングの専門書。版ごとの写真は無いが細かい特徴を解説、その特徴図が掲載されている。

って、それらは、上左隅にV、上右隅にRの文字（ヴィクトリア女王のイニシャルを示すものです）が、〝印面下部には、通常の切手同様、チェック・レターが入っており、四隅にアルファベットが入った例外的な形式になっています。

VRの切手は3323シートが製造され、消印のテスト用などとして用いられましたが、うち3302シートは廃棄され、最終的には21シート（5040枚）しか残されなかったうえに、実際には流通しなかったこともあって現存数は少なく、状態の良い真正品を入手しようとすれば、100万円以上の出費が必要という珍品になっています。

以上、〝世界最初の切手〟としてのペニー・ブラックを、これから入手してみようという方のための、簡単なガイドをまとめてみましたが、まずは、ペニー・ブラックの実物を入手して、実際にご自身の目でその魅力を体感していただけると幸いです。

切手収集にはさまざまな魅力がありますが、単純素朴に、美しいモノを集めたいという、人間の自然な感情に訴える点があることは否定できないでしょう。

その意味では、1840年に世界最初の切手として発行されたペニー・ブラックは、まさに、〝方寸の芸術〟と呼ばれる切手の原点ともいうべき存在だと、切手に携わる人間は強く確信しています。

そうしたことを踏まえたうえで、本書では、以下、現在にいたるまで175年間にわたって、多くの人々を魅了してきたペニー・ブラックが、どのようにして生まれてきたのか、その波乱万丈の物語をお話ししていきたいと思います。

ペニー・ブラック版分類 お役立ちガイド

版分類、チェック・レターでのプレーティングについては、実際に行ってみると、なかなか難しい面もあるわけだが、時代も進歩し、現今では以下のようなウェブサイトも専門書同様に利用できる。画像が無料公開されているのも嬉しい。書籍も参照しながら、"方寸の芸術"、その魅力を味わっていただきたい。

●チェック・レターの差異をまとめたもの

大手オークション会社SPINKのウェブサイト

https://www.spink.com/nissen-reconstructions.aspx

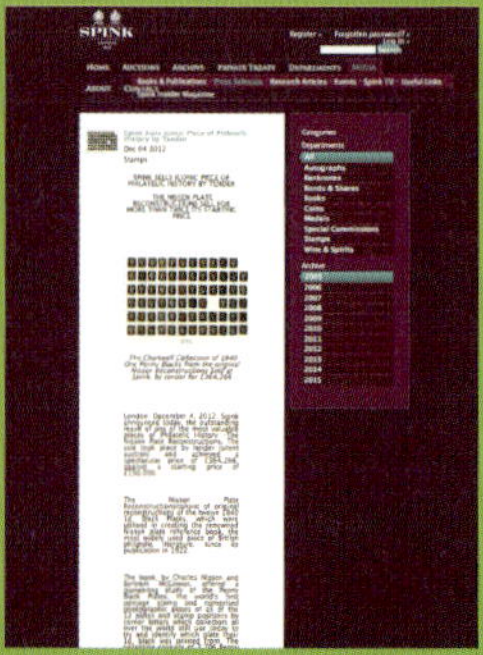

●無料の画像が公開されているので、関心のある方は、まずはご覧いただくのが良いでしょう。以下のウェブサイト等も参考になると思います。

Penny Black Plating Project

http://www.maltesex.com/plating/

Introduction to the The Penny Black of Great Britain 1840

http://www.members.tripod.com/~pennyreds/intro.html・Penny black

plates - Philatelics.org

http://philatelics.org/~allan/shrop/blacks/page1.html

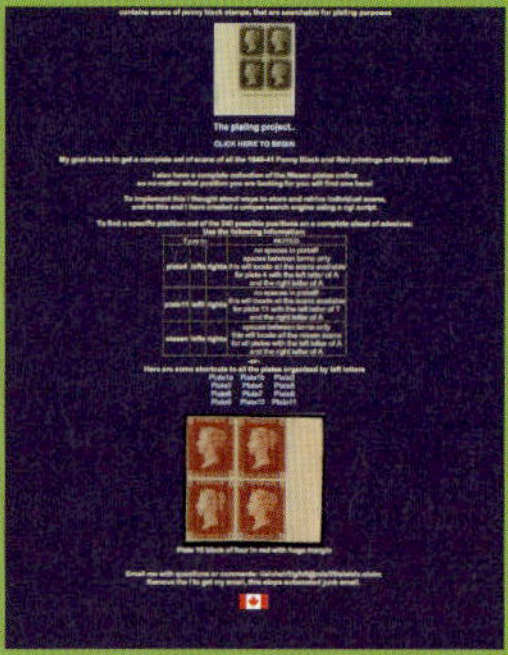

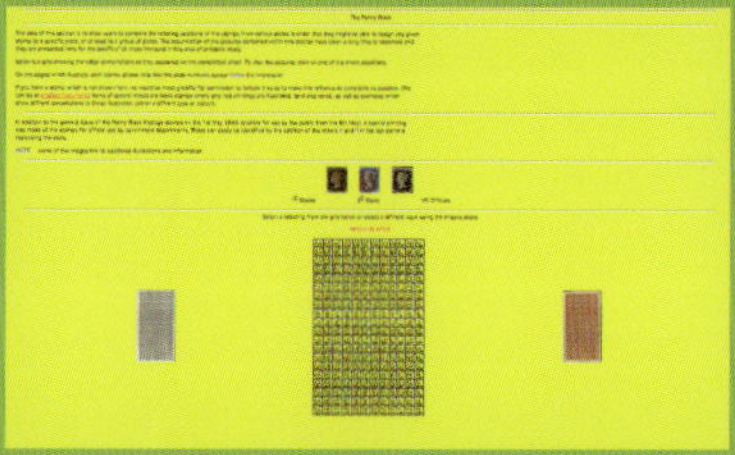

●ペニー・ブラックについての専門書

P.C. Litchfield, *Guide Lines to the Penny Black*,
R. Lowe; New impression, 1979

C. Nissen, *Plating of the Penny Black Postage Stamp of Great Britain*,
Stanley Gibbons Limited; 3rd Revised edition, 2008

ペニー・ブラックとその時代

英国郵便の曙

本書は〝英国郵便史〟の看板を掲げていますので、まずは、現在、英国と呼ばれている地域で〝郵便〟が始まった頃のことについても簡単にご説明しておきましょう。物語の始まりは1326年のスコットランドにまでさかのぼります。日本でいうと鎌倉時代幕府の滅亡（1333年）よりも少しだけ前の時代です。

最初期の通信

王室や政府高官、軍隊などが公用の書簡をやり取りするための駅逓制度は、近代国家成立の以前から自然発生的に行われていました。駅逓の〝逓〟の字は、もともとは「互いに、かわるがわる」という意味で、拠点（駅）を次々にたどってリレーしていくというのが〝駅逓〟の意味です。

この類の通信制度としては、アケメネス朝ペルシャのダレイオス1世（ダリウス1世とも、在位は紀元前522～486）が建造した〝王の道〟が有名で（図

図1 1964年にイランが発行した“ペルシャ美術7000年展覧会”の記念切手には、イラン地図を背景に、アケメネス朝時代の駅逓馬車が描かれている。

図2 島根県隠岐島、玉若酢神社所蔵の駅鈴の模品。明治44（1911）年に制作された。

[1]、古代ギリシャの歴史家ヘロドトスは「雨、雪、暑熱、夜の暗さであろうと、託された任務を伝達使が最高の速度で達成することを妨げることはできない」と記しています。

わが国でも、律令時代の官吏に対して、諸国へ赴く際に駅馬を徴発するための符として与えられた〝駅鈴〟（図2）が、国家による通信のシンボルとして切手にも描かれてきたことはご存じの方も多いと思います。

ただし、こうした通信制度はもっぱら公用便を扱うもので、一般大衆に解放されていたわけではありません。もっとも、古代社会では、洋の東西を問わず、識字率そのものが非常に低く、一般庶民が手紙を出すという需要もありませんでしたが…。

グレイト・ブリテン島（英国の主島）に関していうと、１３２６年、当時のスコットランド王ロバート１世（在位１３０６～２９）が配下のウィリアム・オリファントに送った所領安堵の特許状（図3・4）が残されています。

１２９０年、スコットランドではわずか7歳の女王マーガレットが亡くなり、アサル王家の直系が断絶。このため、王位継承をめぐる有力者13人による争いが起こりました。スコットランド支配を狙うイングランド王エドワード1世は、〝裁定者〟としてこの争いに介入し、自らの従妹の配偶者であったジョン・ベイリャルを王位継承者に選びます。

これを受けて、１２９２年、ジョン・ベイリャルがスコットランド王として即位しましたが、即位の経緯から、ジョン・ベイリャルはエドワード1世の言いなりにならざるを得ませんでした。

その後、エドワード1世の傀儡《かいらい》の地位に甘んじることに我慢できなくなったジョン・ベイリャルは、１２９４年、フランス王フィリップ4世と同盟を結び、１２９６年、北部イングランドへ侵攻。しかし、ジョン・ベイリャルの軍はダンバーの戦いで大敗し、彼は廃位され、スコットランドはイング

図3 スコットランド王ロバート1世(1999年発行のミレニアム・シリーズの1枚)

ランドの支配下に置かれることになりました。

これに対して、1297年、スコットランドでは大規模な叛乱が勃発。以後、30年に渡ってスコットランドはイングランドに対する独立戦争を戦い続けることになります。

その過程で、1306年、スコットランド王を宣言して戴冠式を行ったのが、ノルマンディー系の貴族、ロバート・ブルース(ロバート1世)でした。

ロバート1世は1314年までにスコットランドの大部分を再征服し、バノックバーンの戦いでイングランド軍に大勝を収めてスコットランドの独立をほぼ確保。その後、1318年にはスコットランドから全てのイングランド兵が駆逐され、1320年、スコットランドはイングランドからの独立を宣言しました。ちなみに、イングランド王エドワード3世の末妹ジョーンとロバートの長男デイヴィッド(後のデイヴィッド2世)の結婚により、イングランドとスコットランドの間で和平が成立したのは、1328年のことでした。

ロバート1世の特許状を受け取ったオリファントは、1296年のダンバーの戦いでイングランドと戦って捕虜となったほか、イングランドとの戦いで勇名をはせた人物で、1320年の独立宣言の署名者の一人でもあります。特許状は、そうした重臣の長年の功に報いるべく、スコットランド北西、ハイランド地方のオーチャーティタの所領を与えるという趣旨のラテン語が11行記されています。またウィリアム1世の封蝋《ふうろう》も付されていますが、スタンプの類はありません。

なお、この時代のスコットランドには、制度化された駅逓制度はまだ存在しませんので、この書状も、ウィリアム1世の特使が直接、オリファントのもとへ届けたものと思われます。もちろん、王の親書ですから、送料が徴収されるということもありません。

図4 ロバート1世の特許状（1326年）

スコットランド北西部ハイランド地方の所領を与えると言う内容（ラテン語）。イングランドとの戦いで勇名をはせたオリファント宛。

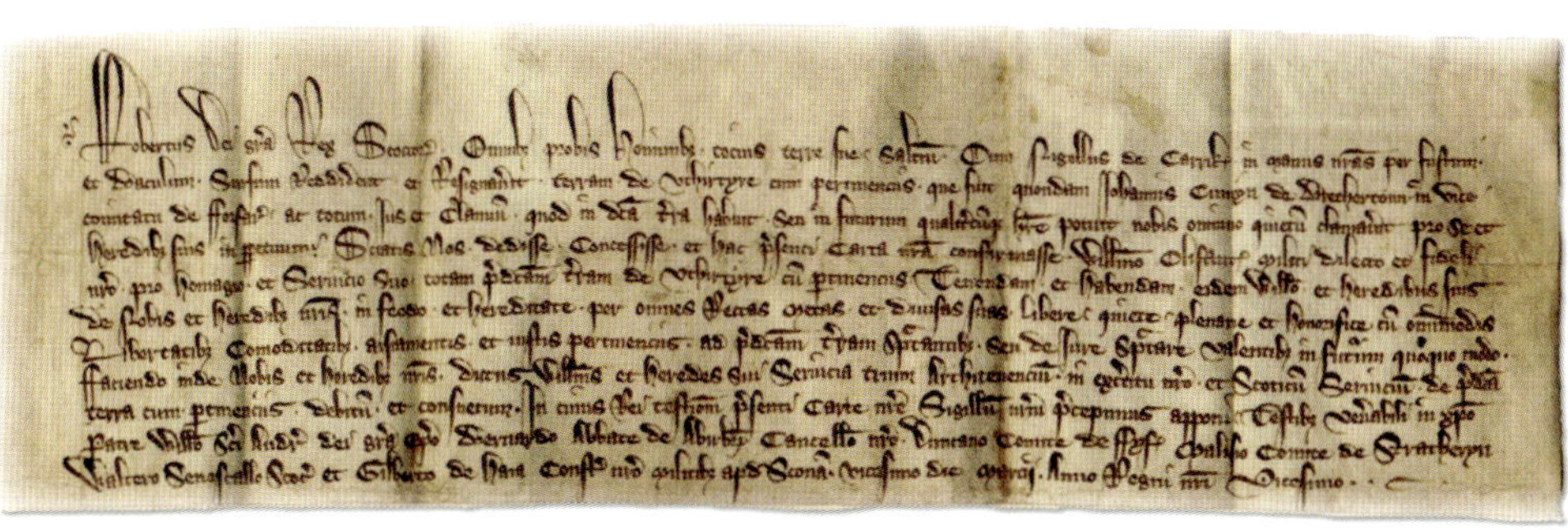

ヘンリー8世の駅逓長官

その後、イングランドの経済も発展すると、遅くとも15世紀までにはロンドンで、ヨーロッパ大陸から渡ってきた外国の商人のために大陸諸都市との通信網が確保されていたことが確認されています。しかし国家としての駅逓制度の整備はなかなか進みませんでした。

16世紀のヘンリー8世（在位1509～47。図1）の時代になると、宮廷に〝王室駅逓長官（Master of King's Post 以下、駅逓長官）〟の役職が設けられ、ようやく、国家による駅逓制度の本格的な整備が始まります。

ヘンリー8世は、イングランド王ヘンリー7世の第2王子として生まれました。

幼少期から才気煥発で、母語のほか、ラテン語、スペイン語、フランス語を理解し、自ら楽器を演奏して作曲し、文章を書き、詩を詠んだことから、歴代のイングランド王の中でも最高のインテリと評価されています。

また、武芸にも優れ、「弓を引く力はイングランド随一」とも評されていました。対外戦争にも積極的で（それゆえ、財政的には破綻状態となりましたが…）、スコットランドやフランスと戦い、1545年には王立海軍を創設しています。

その反面、世継ぎを確保し、自らの性欲を満たすため、生涯に何度も離婚と結婚を繰り返した国王としても知られ（図2）、離婚を認めないカトリックと袂をわかって、1535年、英国国教会を創立したことでも有名です。ちなみに、彼の子どもたちの中から、メアリー1世、エリザベス1世、エドワー

図2 1997年に発行の“ヘンリー8世没後450年”の記念切手には、彼の6人の妻も取り上げられている。

図1 ヘンリー8世。王立海軍の創立者として、王が建造した軍艦メアリー・ローズ号とともに描かれている。

ド6世の3人がイングランド(女)王になりました。

ところで、ヨーロッパ大陸では、ヘンリー8世の父、ヘンリー7世の時代に、いわゆるタクシス郵便がスタートしています。

すなわち、1489年、イタリアの飛脚業者であったタッシス家(以下、慣例に従い、ドイツ語読みのタクシス家)は、ハプスブルク家マクシミリアン1世の郵便物逓送を専属で請け負う契約を結びます。(図3・4)

その後、彼らの郵便網はハプスブルク家のみならず、貴族や聖職者の通信なども運ぶようになり、古代ローマ帝国の駅逓制度に倣った郵便ネットワークが神聖ローマ帝国の領内に構築されていきました。

当初、タクシス家の郵便網は、38キロごとに宿駅を設けることになっていましたが、1505年の契約では30キロごとに、1587年の契約では22キロごとに、さらに、17世紀初頭には15キロごとに設けられるようになり、ハプスブルク家はヨーロッパにおける情報通信を把握していきます。

ところで、ヘンリー8世のイングランドは、1511年、教皇ユリウス2世や神聖ローマ皇帝マクシミリアン1世がフランスに対抗すべく結成した神聖同盟に参加。じっさいに大陸に出兵しています。さらに、最初の妻であったキャサリン・オブ・アラゴンは、神聖ローマ皇帝カロル5世(在位1519~56)。なお、1516年以降はカロ

図3 タクシス郵便の祖、フランツ・フォン・タクシス(没後450年を記念して1967年に西ドイツが発行した切手)

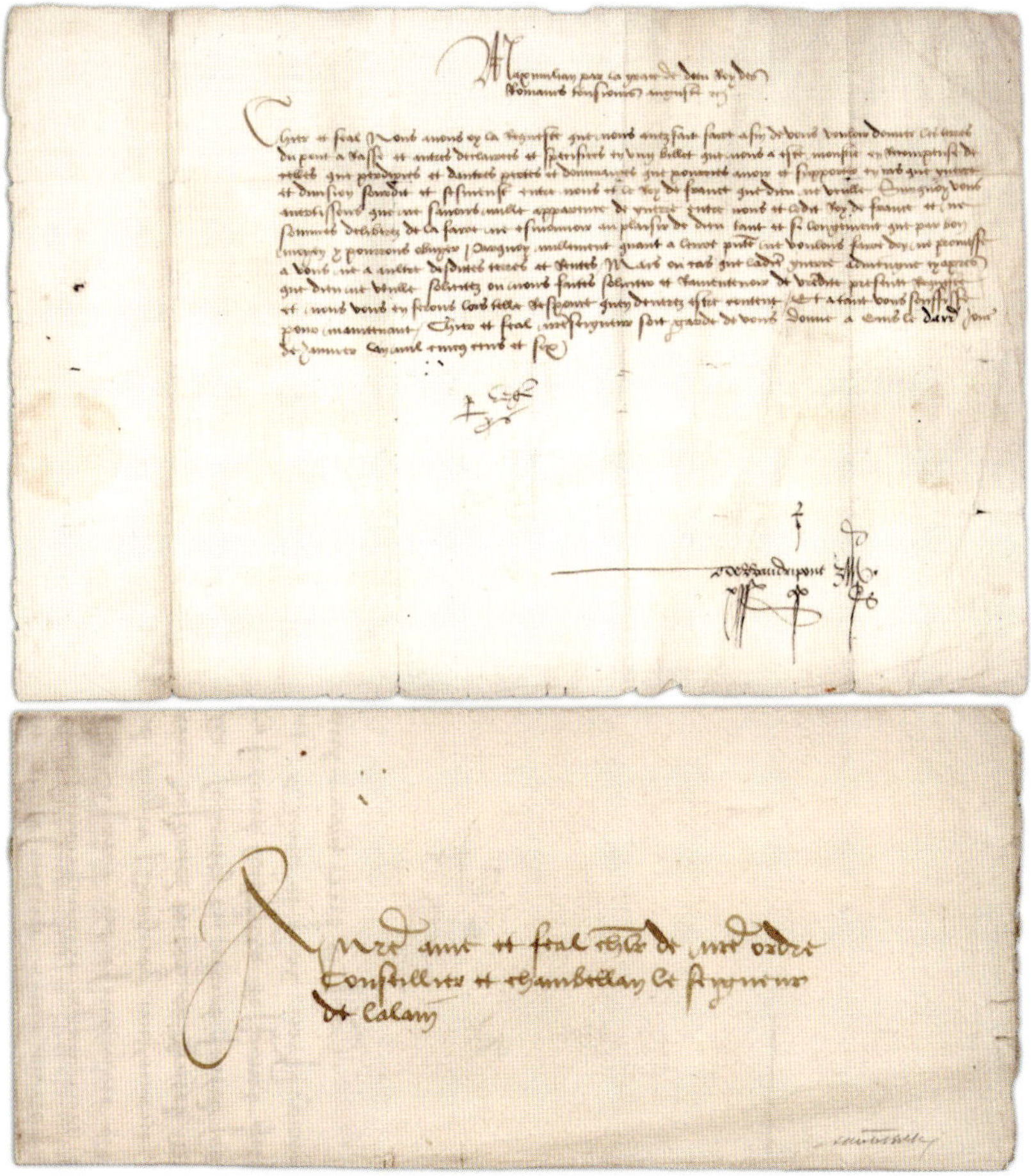

図4 タクシス郵便で運ばれた現存最古の郵便物。1506年、皇帝マクシミリアン１世がスペイン領ネーデルランド（現オランダ）宛に差し出したもの。

ル1世としてスペイン王でもあった）とは叔母・甥の関係にありました。

したがって、ハプスブルク家と因縁浅からぬ関係にあったヘンリー8世が、その進取の気性ともあわせて、ハプスブルク体制下のタクシス郵便の成功を目の当たりにして、大いに刺激されたとしても不思議はありません。

かくして、1516年、ヘンリー8世は、ブライアン・テューク（図5）を新設の駅逓長官に任命しました。

テュークの生年は定かではありませんが、ケントの出身であることは確認されています。テューク家は、ブライアンの祖父・父の2代にわたって、ヘンリー8世の重臣でノーフォーク公爵のトマス・ハワードに仕えていたことから、ブライアンもその推挙を得て宮廷に出仕するようになったものと考えられています。

1508年、テュークはケント州サンドウィッチの王室領の官吏に任じられたのを皮切りに、尚璽官《しょうじかん》（玉璽《ぎょくじ》を保管

図5 駅逓長官在任中の1527年頃に制作されたブライアン・テュークの肖像（1990年にロンドンで開催された世界切手展に際して、ロンドンの郵政博物館が制作した記念の私製絵葉書）

する官職）、カレーの地方官などを歴任。1513年9月にはヘンリー8世に伺候して、トゥルネー（フランスとの国境に近いベルギーの都市）に赴き、同年の〝フロッデンの戦い〟でイングランドがスコットランドを撃破するための重要な情報を入手しています。

この間、1512年2月には、〝駅逓長官としてのテューク〟に100ポンドを支払ったとの記録がありますが、公式に彼が駅逓長官に任命されたのは、記録上では1517年となっています。いずれにせよ、彼は1545年に亡くなるまで、駅逓長官の地位にとどまり続けました。

なお、テュークは国王の信任が厚く、フランス語にも堪能であったため、駅逓長官と同時に、当時のイングランドの対仏外交においても活躍しており、1528年にはフランスとの講和交渉の全権団に加わっているほか、王室会計局長官にも任命されています。

さて、駅逓長官としてのテュークの任務は、国王や政府の受発信を円滑に進めるため、主要な街道に宿駅を建設し、早馬による逓送を行うことでした。

しかし、彼の努力にもかかわらず、イングランド内での駅逓制度の整備はなかなか進みませんでした。

その最大の原因は道路網の不備によるもので、テューク自身、「わが国には、フランス並みの立派な道と駅場が整った街道は、テムズ河口のグレイヴゼント＝ドーヴァー間にしかない」と嘆いています。

とはいえ、1545年にテュークの後をついでジョン・メイソンが2代目の駅逓長官に就任する頃になると、徐々にではありますが、街道の整備が進められるようになり、駅逓の路線もロンドンを拠点にドーヴァー、プリマス、ブリストル、チェスターなどへ延伸され、イングランドの枠を越えてスコットランドまで郵便物が届けられるようになっていきます。

ロイヤルメイルの起源

図2 1927年に発行された英領バルバドス300年の記念切手には、イングランドによる植民地化が始まった当時の国王としてのチャールズ1世と、切手発行時の国王ジョージ5世の肖像が並べて描かれている。

図1　2010年の英国切手に取り上げられたチャールズ1世の肖像

駅逓制度が王室などの公用便に限られていた時代のイングランドには、郵便料金を徴収するという発想はありません。

ところが、17世紀前半、国王チャールズ1世（在位1625〜49。図1・2）の時代になると、国家財政が苦しくなってきたことで、王室は、既存の王室駅逓（ロイヤル・ポスト）を活用し、料金を徴収して民間の手紙を運ぶことで収入を得ようと考えました。

国王チャールズ1世は、1600年、スコットランド王ジェイムズ6世の次男として、スコットランドのダンファームリンに生まれました。

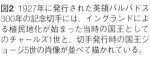

ちなみに、ジェイムズ6世は、チャールズが生まれた後の1603年、（テューダー朝の）イングランド女王、エリザベス1世が後嗣《あとつぎ》のないまま崩御すると、イングランド王に迎えられて（イングランド王）ジェイムズ1世となります。（図3）

これがいわゆるステュアート朝の始まりで、以後、北部のスコットランド

図3 2010年の英国切手に取り上げられたジェイムズ1世の肖像

と南部のイングランドは同君連合の関係になりました。

テューダー朝からステュアート朝にかけての時期は、富をえて上昇する者と没落する者が錯綜《さくそう》し、社会構造が大きく変化する時期にあたっていました。

すなわち、新たに力を蓄えた富農たちは農村からの収入をかつてのように、無条件に国王に上納することがなくなったことに加え、新大陸から大量の銀が流入したことで〝価格革命〟とよばれたインフレが進行。さらに、30年戦争などで戦費がかさんだことで、王室の財政は悪化していきます。

代々のイングランド王は王領地を売却することで当座をしのごうとしたものの、ジェイムズがイングランド王として即位した頃には、王領地はヘンリー8世時代の半分以下にまで目減りしていました。

このため、王室は議会の承認する税収への依存を強める一方で、中世以来の国王大権に基づいた徴発権・後見権・関税の徴収を強化しましたが、これには農民のみならず、貴族や商人たちも大いに不満を募らせました。

チャールズ1世は、こうした背景の下で１６２５年に王位を継承したわけですが、彼は、そうした時代の変化を直視しようとせず、従来通り、国王は絶対権力者であり、下々の不満は抑え込めるとの思い込みから、支出の削減を図ることなしに、議会に対しては一方的に予算の増額を要求し続けます。

このため、国王と議会の関係は次第に悪化。１６２８年6月に議会側は、議会の同意なしに国王が課税などをできないよう求めて「権利の請願」を提出しますが、最終的に、国王はこれを拒否し、議会を解散してしまいます。

そして、翌１６２９年から〝専制の11年〟と呼ばれた親政を開始し、財政再建のため、トン税・ポンド税・船舶税などの新税を設け、その徴収を強化しました。

当然のことながら、議会の承認を経

ない税に対する国民の不満は強かったのですが、国王は反対する者を星室庁で裁き、投獄・耳そぎの刑に処するなど、強圧的な姿勢で臨みました。

1635年7月、王室駅逓を民間にも開放するとの布告（図4）が出された背景には、以上のような事情があったのです。

さて、1635年の布告の内容は、トマス・ウィザリングスの起草した駅逓改革案をもとにしたものでした。

ウィザリングス家は代々廷臣を輩出してきた家系で、トマスの生年は不明ですが、1625年にはロンドン市内で最も格式の高いギルドであった絹物商人のギルドへの入会を許されたとの記録が残されています。

1632年、国王チャールズ1世は、外国郵便長官として、ウィザリングスとウィリアム・フィッツェルの2名を任命しました。当時の外国郵便長官は建前としては王室の公用便のみを取り扱う役職でしたが、慣例として、ヨーロッパ大陸と取引のあるロンドンの商人を対象とした郵便サービスも担当していました。

こうした経験を踏まえ、1635年、ウィザリングスは国王の諮問会議に「ロンドンと陛下の領地全域を結ぶ小包郵便を創設し、臣民の手紙もあわせて運ぶこと」を提案すると、国王は、これを増収策のひとつとして〝使える〟と判断。ロンドンに公衆書簡局（General Letter Office）を設置することが決められました。

ところで、このウィザリングスの提案の一つの肝は、競合する〝同業他社〟を排除し、国家が郵便事業を独占することにありました。

じつは、1635年の布告より前に、サミュエル・ジューデュによるロンドン＝ブリストル間を往来するトラヴェリング・ポスト（1620年開業）をはじめ、イングランドとスコットランドでは、いくつかの民間の駅逓業者が営業を行っていました。布告は、彼らの営業を禁止して、国家が郵便の利益を独占すべく、官営一本化を企てたわけですが、当然のことながら、民間業者はこれに強く反発し、完全な官業独占は達せられずに終わっています。

なお、前述のように、この時代は、議会と対立した国王が議会を解散して親政を行っていた時代で、敵対勢力に対しては容赦のない弾圧がくわえられていました。このため、駅逓制度を官業独占とすることで、国家が情報そのものも独占的に把握し、諜報活動にも活用することが政策的に必要とされており、そのことが駅逓改革にとっても追い風となりました。

さて、チャールズ1世の布告は1635年7月31日付で発せられ、駅逓便の収入を国費（戦費を含む）に使用すること、スコットランドの首都であるエディンバラとロンドンの間を6日以内に往復できるよう、駅逓制度を整えることなどが盛り込まれていました。

この布告を受けて、1635年10月、

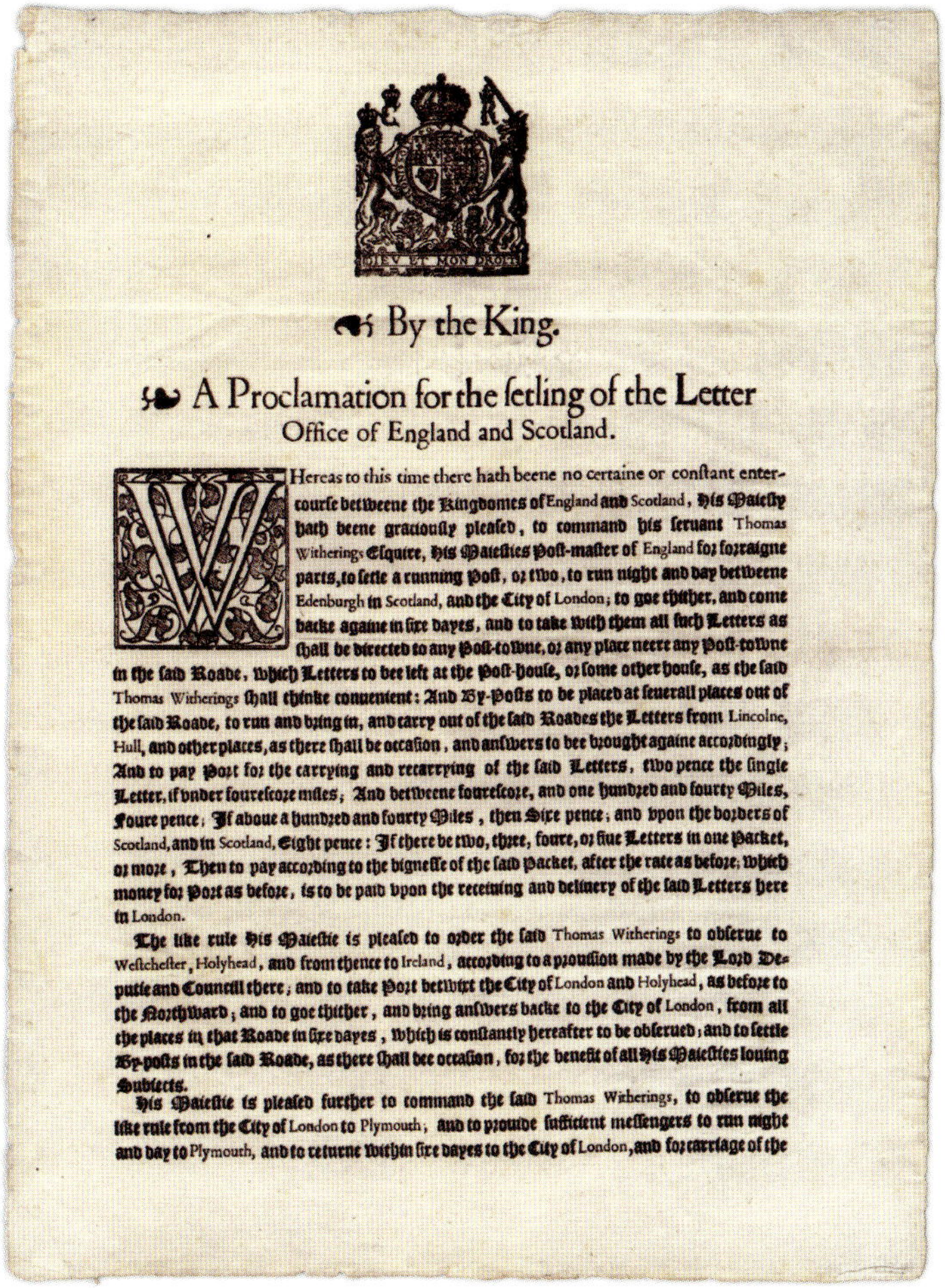

By the King.

A Proclamation for the setling of the Letter Office of England and Scotland.

Whereas to this time there hath beene no certaine or constant entercourse betweene the Kingdomes of England and Scotland, his Maiestie hath beene graciously pleased, to command his seruant Thomas Witherings Esquire, his Maiesties Post-master of England for forraigne parts, to setle a running Post, or two, to run night and day betweene Edenburgh in Scotland, and the City of London; to goe thither, and come backe againe in sixe dayes, and to take with them all such Letters as shall be directed to any Post-towne, or any place neere any Post-towne in the said Roade, which Letters to bee left at the Post-house, or some other house, as the said Thomas Witherings shall thinke conuenient: And By-Posts to be placed at seuerall places out of the said Roade, to run and bring in, and carry out of the said Roades the Letters from Lincolne, Hull, and other places, as there shall be occasion, and answers to bee brought againe accordingly; And to pay Port for the carrying and recarrying of the said Letters, two pence the single Letter, if vnder fourescore miles; And betweene fourescore, and one hundred and fourty Miles, foure pence; If aboue a hundred and fourty Miles, then Sixe pence; and vpon the borders of Scotland, and in Scotland, Eight pence: If there be two, three, foure, or fiue Letters in one Packet, or more, Then to pay according to the bignesse of the said Packet, after the rate as before; which money for Port as before, is to be paid vpon the receiuing and deliuery of the said Letters here in London.

The like rule his Maiestie is pleased to order the said Thomas Witherings to obserue to Westchester, Holyhead, and from thence to Ireland, according to a prouision made by the Lord Deputie and Councill there; and to take Port betwixt the City of London and Holyhead, as before to the Northward; and to goe thither, and bring answers backe to the City of London, from all the places in that Roade in sixe dayes, which is constantly hereafter to be obserued; and to settle By-posts in the said Roade, as there shall bee occasion, for the benefit of all his Maiesties louing Subiects.

His Maiestie is pleased further to command the said Thomas Witherings, to obserue the like rule from the City of London to Plymouth; and to prouide sufficient messengers to run night and day to Plymouth, and to returne within sixe dayes to the City of London, and for carriage of the

図4 1635年の布告

ロンドンのビショップスゲイト・ストリートに最初の郵便局が設置されるとともに、ウィザリングスは、駅逓制度を整備するために必要な6街道（そのひとつがロンドンとブリストル近郊のエイヴォンマスを結ぶグレイト・ウェスト・ロードです）を建設するよう命じています。

ちなみに、最初の郵便局が置かれたビショップスゲイト・ストリート（図5）は、ロンドンの中心部、シティの北東に位置しています。すでにローマ時代には道があったといわれていますが、この時代の通りは、1471年にハンザ同盟加盟の商人が再興したもので、ロンドンの城壁にもともとあった八大門のひとつが名前の由来となりました。18世紀の頃までは、この門の前で、しばしば、処刑された罪人が晒し者にされています。

主要な街道には、日中もしくは一晩で移動できる距離ごとに1もしくは2ヵ所の郵便局が設けられており、郵便

図5 ビショップスゲイト・ストリート

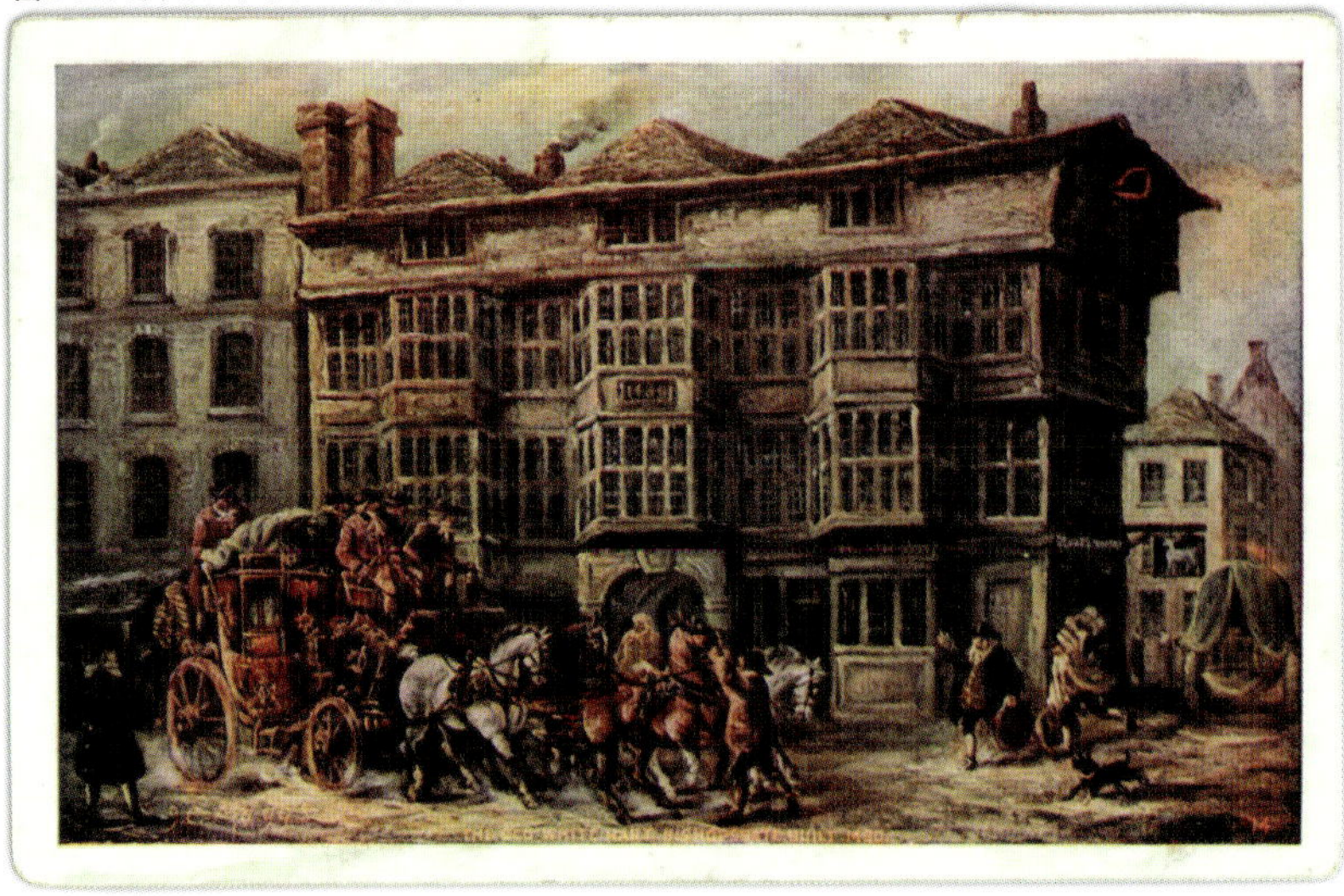

料金は距離と用紙の枚数、重量などに応じて定額制で、受取人が支払うことになっていました。

日本では、なにかのサービスを受ける際に料金前払いということが珍しくありません。これは、まともな店であれば、料金に見合う真っ当なサービスが受けられるのが当たり前だという信頼関係が社会全体の常識になっているからですが、残念ながら、こうした日本の常識は、世界的に見れば極めて例外的なケースでしかありません。

このため、多くの国では、〝やらずぶったくり〟を防ぐためにも、納得のできるサービスを受けた後で、初めて、そのサービスに対する対価を支払う（＝サービスに不満があれば満額払う必要はない）というシステムになっています。いわゆるチップの習慣は、この発想によるもので、多くの日本人が海外旅行などの際に面喰うのもそのためです。

さて、１６３５年の布告で民間に開放された駅逓郵便の目的は、あくまでも国庫収入を増やすことにありましたので、確実な利益が出るように、当時の物価水準からすると、かなり割高に設定されていました。

たとえば、１枚の用紙を折りたたんで表に宛名を書きこんだ〝シングル・レター〟（航空書簡のような形式だと考えてください）の場合、ロンドンから80マイルまでの宛先には２ペンス、80マイルを越え１４０マイルまでの宛先には４ペンス、１４０マイル以遠の宛先には６ペンスです。これが、封筒に１枚の用紙を入れる、もしくは用紙２枚を折りたたんで表面に宛名を書いた〝ダブル・レター〟の場合は、それぞれ料金が倍額となります。さらに、重量便の場合は、１オンス（約28グラム）ごとに、80マイルまでの宛先には６ペンス、80マイルを越え１４０マイルまでの宛先には９ペンス、１４０マイル以遠の宛先には12ペンスでした。

チャールズ１世の布告よりは20年ほど前ですが、１６１６年に亡くな

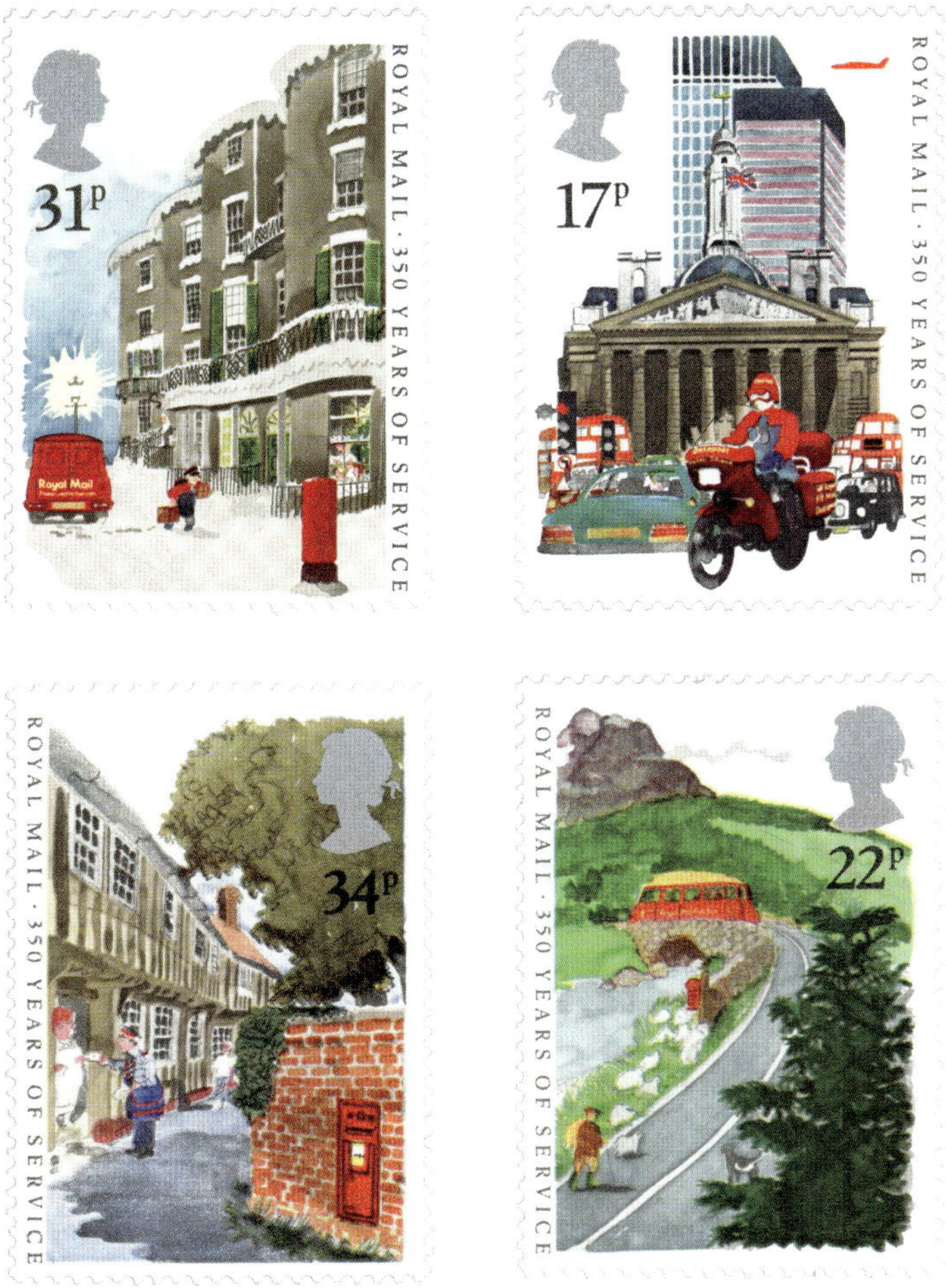

図6 1985年に発行された〝ロイヤル・メイル350年〟の記念切手

ったシェークスピアの時代には、建築職人の労賃は1日12ペンスでした。2015年現在、日本の大工さんの平均的な日当は1万8000円ですから、これを基準に考えると、シングル・レターをロンドンから80マイル以内の宛先に出す場合の料金は、現在の感覚で3000円くらいとなりましょうか。やはり、かなり割高の料金設定といえましょう。

いずれにせよ、近代郵便制度の要件の一つとして、「地位・身分によらず、所定の料金を支払うなど一定の手続きを経れば、だれでも利用することができる」ということを挙げるのなら、1635年の布告により、王室駅逓が民間の郵便物も取り扱うようになったことは、英国における近代郵便制度の原点と見なすことができます。

こうした視点に立って、1985年、英国では1635年の布告から起算して〝ロイヤル・メイル350年〟の記念切手を発行しました。(図6)

イギリス革命の荒波の中で

英国の歴史上、最も社会の変動が大きかったのは、17世紀（日本では江戸時代初期）のイギリス革命（清教徒革命と名誉革命）の時代です。さまざまな人物がそれぞれの思惑や政治的・社会的立場を背景に郵便に関わり、郵便制度も大きく動いていくのです。激動の時代の郵便と社会の関わりを一つずつたどってみました。

清教徒革命

1635年の王室駅逓の民間への解放は、それなりに収益を上げたものの、国家財政全体からすると焼け石に水でした。

その最大の原因は、スコットランド問題です。

チャールズ1世はスコットランドの王を兼ねていましたが、スコットランドとイングランドでは宗教・議会が異なり、軍隊も別組織となっていました。

こうした状況の下で、1637年、イングランドのウィリアム・ロード大主教は、ピューリタンが多数派を占めていたスコットランドにも〝イングランド国教会〟を持ち込むべく、国教会の祈祷書《きとうしょ》を押しつけましたが、スコットランドはこれに激しく反発します。

これに対して、アイルランド総督（イ

図1　1992年の“内戦350年”の記念切手に押された記念印には、クロムウェルの肖像が大きく描かれている。

ングランドによるアイルランド支配の責任者）のストラフォード伯トマス・ウエントワースは、アイルランドでは反イングランド派を武力で抑え込むことに成功していたことから、4万人の軍隊があればスコットランドにイングランド国教会の祈祷書を押しつけることができると主張します。しかし、実際にはスコットランドは国教会の祈祷書を受け入れなかったため、1639年、国王は〝懲罰〟としてスコットランドに派兵しました。

いわゆる第1次主教戦争です。

しかし、国王側は資金難から2万の兵を集めるのがやっとで、戦わずして、スコットランド側と和議を結ばざるを得ませんでした。

赤っ恥をかかされた格好の国王は、スコットランドに対する〝懲罰戦争〟を実行するため、なんとしても予算を確保すべく、1639年12月、議会の再開を決断しました。

かくして、1640年3月に総選挙が行われ、4月13日、11年ぶりに議会が開催されました。ちなみに、1635年の駅逓改革の立役者となったウィザリングスは、この時の選挙で庶民院（下院）の議席を得ています。

さて、国王は、〝スコットランドの脅威〟を喧伝すれば議会は臨時課税を承認するだろうと考えていましたが、実際には、再開された議会では国王の専制や不当な課税に対する非難が殺到。このため、5月5日、国王はわずか3週間で議会を解散し、アイルランド議会の援助で出兵します。

しかし、国王軍は3000余しか集まらず、8月28日、ニューバーンの戦いでスコットランド軍に大敗。講和条約としてのリポン条約では、イングランドはノーサンバーランド・ダラム両州を割譲し、1日あたり850ポンドの駐留軍維持費を支払うこととされ、財政はますます悪化しました。

このため、国王は同年11月、再び議会を召集しましたが、王党派と議会は激しく対立し、1641年11月、両者はついに内戦へと突入します。

当初、戦況は国王軍有利に進みましたが、議会側は軍制改革を進めるなどして次第に巻き返していきます。特に、騎兵隊の隊長から出発して戦功を重ねたオリヴァー・クロムウェル（図1）は、議会側が編成したニューモデル軍の副司令官に昇進し、1645年のネイズ

図2 ジョン・サーロー

ビーの戦いで議会側の勝利を決定的なものとしました。

そして、1648年、チャールズ1世を処刑し、翌1649年5月、イングランド共和国が成立。以後、1658年にインフルエンザで亡くなるまで、クロムウェルはイングランドの独裁者（1653年以降は護国卿）として君臨することになります。

この間、内戦と革命の混乱の中で、ウィザリングスも一時は投獄されるなどの憂き目にも遭いましたが、革命後の1649年には外国郵便局長に就任するとともに、最初の郵便局が設けられたビショップスゲイト区の助役に任じられています。なお、ウィザリングスは1651年に亡くなりました。

さて、クロムウェル時代の1653年6月29日、駅逓制度は政府の直轄事業から請負制に変更されました。

すなわち、事業の権利を入札制にして、政府への納入金額を最も高値で応札した人物と政府が独占契約を結ぶという方式です。

この契約方式による最初の駅逓長官に就任したのは、ジョン・マンリーでした。

マンリーは、1622年頃、ウェールズ北東部のアービストックに生まれました。

1653年に駅逓事業の請負契約の入札が公募されると、年間8259ポンド19シリング11 3／4ペンスで応札。その後、同年夏、最終的に年間1万ポンドを支払うことで、駅逓長官の職を得ています。ちなみに、この時の契約には、国会議員や政府高官の書簡を無料で引き受けるという条項も含まれていました。

マンリーは、1655年4月、クロムウェル政府の許可を得てオランダに渡航したため、後任の駅逓長官は、ジョン・サーロー（図2）が引き継ぎました。

サーローは、1616年、エセックス生まれの新教徒で、ロンドンのリンカーン法書院で学んだ後、内戦下の1645年、行政監察官の秘書官となりました。

王党派と議会との内戦に際しては中立を保っていましたが、クロムウェルが政権を掌握すると新政権に迎えられ、1652年、閣僚に任じられます。

翌1653年、サーローは情報機関の責任者となり、イングランド国内のみならずヨーロッパ大陸にも広がる膨大な諜報網を作り上げ、王党派による反革命の陰謀を数多く摘発しました。1654年にはイングランド東部、ケンブリッジシャーのイーリーから国会議員に選出されています。

王政復古と郵便憲章

図1 2010年の英国切手に取り上げられたチャールズ2世の肖像

さて、マンリーの後任の駅逓長官となったサーローは、その地位を利用し、無料特権で運ばれる国会議員や政府高官の郵便物を中心に通信検閲を行い、1657年には、エドワード・セクスビー（もともとはクロムウェル派の軍人でした）によるクロムウェル暗殺計画を摘発しました。

ちなみに、1657年は英国史上初の〝郵便法〟が議会で成立した年でもあります。

この法律は、イングランド、スコットランド、アイルランドの郵便料金を定めたほか、郵便事業の運営に必要な諸条項も盛り込まれており、法律のプロであるサーローならではの包括的な内容となっていました。郵便事業の最高責任者の職名が、駅逓長官から郵政長官（Postmaster General）になったのも、この郵便法によるものです。

1658年、クロムウェルが亡くなると、護国卿の地位は息子のリチャードが継承しましたが、父親のような政治力がなかった彼は自ら辞任を申し出ます。

このため、議会はチャールズ1世の子、チャールズ2世（図1・2）に王権を返還。1660年5月29日、チャールズ2世はロンドンに復帰し、ステュアート朝の王政復古となりました。

王政復古により、クロムウェル時代の法令の多くが「国王の裁可を得ず、議会が勝手に定めた法令は、法律ではなく条令にすぎない」との理由でいったん無効とされ、あらためて、国王の名において再公布されます。1657年の

図2 1945年に英領ジャマイカで発行された“新憲法”こと「ジャマイカに関する勅令」公布の記念切手。1944年の勅令により、ジャマイカでは普通選挙による議会が設置された。切手は、1664年に最初の植民地議会が設置された時の国王チャールズ2世の肖像と、1944年の勅令公布時の国王ジョージ6世を並べて描いている。

郵便法も例外ではありません。

なお、清教徒革命の原因が、濫費と無計画な増税を繰り返す国王と議会の対立にあったことから、王政復古後の国家財政は議会がコントロールすることになり、国王独自の課税権を否定する一方、議会は一定の王室費を国家予算として計上することになりました。これを受けて、郵便事業の利益は王室費の財源の一部となります。

ちなみに、1663年、郵便事業の利益からヨーク公ジェイムズ（チャールズ2世の弟で、後のジェイムズ2世）に支払われた金額は5382ポンド。これに対して、チャールズ2世が、同年、寵姫バーバラ・パーマー（クリーヴランド公爵夫人。図3）に支払った〝お手当〟は4700ポンドでしたから、郵便事業の利益は王室にとってバカにならない金額だったと言えます。

さて、王政復古後の1660年末に再公布された郵便法の内容は、基本的には、クロムウェル時代の郵便法を踏襲したものでしたが、一部、修正がくわえられた部分もあります。

その結果、新しい郵便法は料金の制定、郵便事業国家独占の原則、郵政長官の地位、公衆書簡局（General Letter Office）の設置などの内容も盛り込まれることとなりました。また、法律上、〝王室郵便〟が正式にスタートしたのも、この法律によるものです。

こうしたことから、王政復古後の郵便法は〝郵便憲章〟と呼ばれ、18世紀末にいたるまで、イングランド、そして英国の郵便の基礎となりました。

このため、1660年制定の郵便憲章は英国の近代郵便制度の原点とされることもあり、1960年7月7日には、制定300年周年を記念して、記念切手が発行されたほか、7月9日から16日まで、ロンドンのロイヤル・フェスティヴァル・ホールで国際切手展が開催されています。

このときの国際切手展の主催者が制作した記念カバーの封筒は、1660

図3 チャールズ2世の寵姫、バーバラ・パーマー

年の郵便憲章の文書のイメージ（国王チャールズ2世の名前がしっかりと見えるのがミソです）と、それから100年後の1760年の郵政局の局舎、さらに100年後の1860年の郵便馬車を並べて描いており、英国郵便史の変遷がイメージできるようなデザインとなっています。

このため、この封筒は当時の収集家の間で人気を博し、この封筒に7日発行の記念切手を貼って初日カバーとした例（図4）も多かったようです。

カバーに描かれている郵政局（General Post Office）は公衆書簡局が発展的に改組された組織です。

当初、公衆書簡局はロンドンのシャーボーン・レーンにあり、国内の郵便物を扱う内国郵便総局（Inland Office）と外国郵便を扱う外国郵便総局（Foreign Office）が設けられていましたが、そのスタッフは前者が49名、後者が9名という、ごく小規模なものでした。なお、内国郵便総局では、日中、手紙を集め

図4 郵便憲章による公衆書簡局設置300周年の記念切手の初日カバー

て夕方から区分け作業に入り、夜間に各地に発送していました。

その後、事業の拡大により郵便局の局舎も何カ所かを転々として、1678年、テムズ川北岸、シティ内のイングランド銀行から東に走るロンバード・ストリートに移転します。これが、カバーのイラストにある建物です。

当初、局舎となった建物は、ロンドン市長を務めたロバート・ヴィナーが所有しており、書簡局は賃借していましたが、ヴィナーの死後、1705年に政府が建物を遺族から買い取ります。そして、1829年に新局舎が完成するまで、ここがロンドンの〝中央郵便局〟として人々に親しまれていました。

国王の奔放な寵姫
バーバラ・パーマー

バーバラ・パーマーは、1641年生まれ。1659年、親の決めた外務官僚のロジャー・パーマーと結婚しましたが、1660年、チャールズ２世と出会い、２人の恋愛が始まります。妊娠中の1662年、チャールズ２世とポルトガル王女キャサリンの結婚が決まると、激昂したバーバラは王妃が暮らすハンプトン・コート宮殿に押しかけて出産すると脅迫。このため、チャールズは厭がる王妃を無視してバーバラを王妃の女官として関係を続けました。争いを好まない国王は激しい気性のバーバラに押されっぱなしで、彼女の望むものをなんでも与えます。クリーヴランド公爵夫人という称号もその一つでした。これほど国王の寵愛を集めていながら、彼女には多くの愛人がおり、その中には、国王の長男（庶子）のモンマス公ジェームズ・スコットも含まれていました。1685年、国王が崩御すると、彼女は夫パーマーと離婚し、1705年に10歳年下のロバート・フィールディングと再婚。しかし、フィールディングに財産を蕩尽され、1709年、ロンドンで亡くなりました。

ヘンリー・ビショップと日付印

ところで、王政復古後の郵政憲章により、郵政長官の任免権は国王が握ることになりました。

王政復古に先立つ1660年4月4日、チャールズ2世はブレダ宣言を発し、自分が王位に服した後も、清教徒革命以降の反国王派の言動について不問に付すことなどを謳っていましたが、さすがに、クロムウェル時代に諜報機関の責任者として辣腕《らつわん》をふるっていたサーローが無傷でいられるはずはありません。

はたして、国王のロンドン復帰直前の5月15日、サーローは逮捕され、郵政長官の職から解任されました。その後、彼の才能を惜しんだ新政府は、同年6月29日に、新政府の求めがあれば協力することを約束させられたうえで彼を釈放しますが、サーロー本人は、二度と政府の役職に就くことはないまま、1668年2月21日に亡くなりました。

図1 ヘンリー・ビショップ

サーローの後任の郵政長官になったのは、ヘンリー・ビショップ（図1）です。

ビショップは、1611年、サセックスのヘンフィールドに生まれました。ビショップ家は准男爵《じゅんだんしゃく》（世襲称号の中では最下位の称号で、男爵とナイトの中間に相当します。貴族ではなく平民の扱いです）の家柄で、清教徒革命の勃発時には王党派の軍人として議会派と戦いました。

その後、北米ヴァージニア植民地に逃れて2年間をすごし、内戦後半の1647年に帰国した際には、議会とも和解し、ヘンフィールドの世襲財産の没収を免れています。

現在、ビショップの最も有名な肖像画は、クロムウェル派の追及から自分を守ってくれた愛犬を抱く姿で描かれており、王室に忠誠をつくした人物であったことが強調されていますが、実際には、クロムウェル派の時代を上手く生き延びるだけの、したたかさも持ち合わせた人物だったわけです。

さて、王政復古によりサーローが追放されると、1660年、ビショップは年間2万1500ポンド、7年契約で郵便事業を請け負います。この金額は、1653年にジョン・マンリーが落札

図2 ビショップの肖像とビショップ・マークのイメージ図をデザインしたラベル。1960年のロンドン国際切手展の記念品として制作された。

図3 1975年にコルカタで開催された国内切手展<INPEX 75>の記念切手には、切手展の200年前、1775年2月2日のビショップ・マークが押されたインド・カルカッタ（コルカタ）からダッカ（現バングラデシュ）宛の郵便物が取り上げられている。

した際の2倍以上で、当時としては破格の金額とみられていました。

当初の予定では、ビショップの任期は1660年6月25日からの予定でしたが、議会での郵便憲章の討議が遅れ、実際の任命は9月29日までずれ込みます。

この間、制度の間隙《かんげき》を突くかたちで、一部の民間業者が郵便物を取り扱っていたことから、ビショップは、3ヵ月任命が遅れたことで500ポンド以上の損失が生じたと主張しています。

郵便の官業独占を犯して民間業者が活動をしていた背景には、利用者側からすれば、官営郵便は値段の割に配達・輸送が遅いとの不満が根強くありました。実際、郵便長官に就任早々、ビショップは利用者から郵便の遅れについて多数のクレームを受けることになります。

このため、ビショップは、さまざまな改善策を打ち出します。

たとえば、郵便の輸送手段を充実させるため、中継地点の郵便局に常駐させておく駅馬の拡充、郵便局間の距離を示す郵便地図の作成（実際に第1版の地図が完成したのは、ビショップ離職後の1669年のことでしたが）、宛先方面ごとの郵袋《ゆうたい》の活用、などです。

しかし、彼が打ち出した改善策のうち、郵便史上、最も画期的だったのが、〝ビショップ・マーク〟と呼ばれる日付印の導入でした。

ビショップ・マークは円形で、その中央から2分割して、アルファベット2文字の月の略称と日付を上下に配した構造になっています。（図2）

ビショップは、郵便局に持ち込まれたすべての郵便物に、この日付印を押すことを義務付けました。押印場所は、原則として裏面です。

日付印が押された後、郵便物は同じ場所に30分以上留め置いてはならず、4～9月は時速7マイル（約11・2キロ）、10～3月は時速5マイル（約8キロ）で次の拠点まで運ぶこととされ、そ

図4 上段に月名、下段に日付という前期のタイプのビショップ・マークが押された郵便物

の遵守が各地の郵便局長に徹底されました。

日付印の導入により、担当者の怠慢で郵便物が郵便局に滞留した場合にはそのことが明らかになります。逆に、郵便はきちんと機能していたにもかかわらず、差出人が郵便を差し出しそびれていたり、使用人が受け取った手紙を主人に渡すのを忘れていたりするなど、利用者側に原因があるケースも、日付印を見れば確認することができます。

ビショップ・マークは、1661年4月19日、ロンドンの中央郵便局で使用されたのが最初で、順次、ダブリン、エディンバラ等の主要都市でも使用されるようになります。また、ビショップ・マークは、ニューヨークをはじめとする北米植民地やインドの郵便局でも使用されました。（図3）

当初、ビショップ・マークの大きさは直径13ミリでしたが、1673年になると、直径13～14ミリと若干大きくなります。この時期の消印の表示は、原則として、上段が月名、下段が日付となっていました。

図4はその実例で、（1685年）1月25日、ロンドンに到着したことを示すビショップ・マークが押されています。なお、当時の慣例で、日付印の表示では、Jの代わりにIの文字が使われているため、〝IA〟とある月名の表示は、1月（January）の略号であるJAと読まなければなりません。

その後、1713年になって、日付印の大きさは14～20ミリと大型になり、月名と日付の上下も逆転。この形式のものは、1787年まで使用されています。

なお、日付印の発明者として英国郵便史にその名を残したヘンリー・ビショップでしたが、1663年、7年契約の任期を大幅に残して郵政長官の職を辞し、アイルランド出身のダニエル・オニールがその後を継いでいます。

コーヒー・ハウスと郵便

ところで、17世紀半ばから18世紀にかけて、イングランド各地では〝コーヒー・ハウス〟と呼ばれる喫茶店が繁盛し、そのことは郵便にも少なからぬ影響を与えました。

世界で初めて、コーヒーを提供する喫茶店が開業したのは、16世紀半ばのイスタンブル（当時はオスマン帝国の首都）でしたが、17世紀半ばにはヴェネツィアにヨーロッパで最初のコーヒー・ハウスが誕生。さらに、清教徒革命中の1650年、オクスフォードに英国最初のコーヒー・ハウスが開業しました。（図1）

図1 17世紀のコーヒー・ハウスの外観とその内部を描いた絵葉書

コーヒー・ハウスは1652年にはロンドンにも拡大し、1660年の王政復古や1666年9月のロンドン大火（図2・3）を経て、シティには多くのコーヒー・ハウスが軒を連ねるようになります。ちなみに、現在のロンドンの町並みの基本的な構造は、1666年の大火により古い木造建築がことごとく焼失したことを受け、翌1667年に制定された〝再建法〟により、全ての家屋が煉瓦造または石造とされ（木造建築は禁止）、道路の幅員についても規定されたことで形成されました。

コーヒー・ハウスは女人禁制で、客はコーヒーとたばこを楽しみながら（酒は扱いませんでした）、新聞や雑誌を読んだり、政治談議や世間話を通じて情報交換をする場となっていました。

こうしたこともあって、コーヒー・ハウスを郵便物の受取先として指定する人も少なくありませんでした。

図2 ロンドン大火の後の翌年にあたる1667年、住居を失った人々が英領セント・ヘレナに集団で移住した。1967年、その300周年に際して英領セント・ヘレナが発行した記念切手の1枚は、大火の様子を描く。

図3 1666年の大火からの復興を記念して、1667年にシティに建立された大火記念塔を取り上げた絵葉書。ロンドンでは、単に“ザ・モニュメント”というと、この記念塔を指し、塔の近くには地下鉄の“モニュメント駅”もある。

図4は、その一例で（時代は下りますが）、1756年6月11日、プリマスから差し出され、同14日にロンドンを経由してエディンバラのコーヒー・ハウス宛に届けられた郵便物です。

ところで、この郵便物の表面には、〝ウィットモア（W. Whitmore）〟のサインとともに、大きく〝P〟の文字が書かれています。これは、ウィットモアなる人物が（政府のしかるべき役職にあるなどの理由で）郵便料金無料の特権（Privilege）を有していることを示す表示で、通常は受取人が負担すべき郵便料金が免除されています。

本来であれば、郵便物の差出人・受取人の双方とも〝ウィットモア〟ではありませんから、受取人は正規の料金を支払わなければならないのですが、差出人と受取人は、郵便無料の特権をもつウィットモアとのコネクションを活

コーヒー・ハウスから生まれたロイズ保険会社

セントヘレナの切手には、ロイズに集まった保険引き受け業者たちが取り上げられている。

1688年頃、エドワード・ロイドがロンドンのタワー・ストリートに開店したコーヒー・ハウスでは、顧客サーヴィスの一環として、最新の海事ニュースを発行していました。このため、店には貿易商や船員が多く集まり、店は大繁盛。1691年、ロンバード・ストリートの中央郵便局の隣に移転する頃には、保険引き受け業者（アンダーライター）も集まってくるようになりました。これが、現在の世界的な保険市場、ロイズのルーツで、1988年の創立300年に際しては、英連邦各国でオムニバス形式の記念切手も発行されています。

かして、料金の支払いを不正に免れたというわけです。

当時の郵便は、一部の個人に郵便物無料の特権を与えていたため、それを利用した不正も横行していました。このことは、次第に郵便事業の経営を圧迫し、後に、郵便改革の大きな課題となるのです。

図4 コーヒー・ハウスを受取人の住所とした1756年の郵便物

ドクラのペニー・ポスト

さて、郵便料金が高ければ、(決して推奨されることではありませんが)必然的に料金の減免を目論んで不正に手を染める輩が出てきます。

また、コーヒー・ハウスが郵便物の受取先としてさかんに利用された背景には、郵便物を目当てに通う客を確保したいという店側の思惑とは別に、1670年代まで、ロンドン市内では郵便物の戸別配達制度が行われていなかったという事情もありました。

こうした問題を解消すべく、あらたに〝ペニー・ポスト〟を創業したのが、ウィリアム・ドクラでした。

ドクラは、1635年までに(生年は不詳ですが、この年に洗礼を受けた記録があります)、ロンドン・シティの武器職人の子として生まれました。

当初は父親の経営する武器工場に勤めていましたが、1660年、税官吏の職を得ます。その一方で、アフリカ奴隷の密貿易にも関与。ただし、この事業は王立アフリカ会社による西アフリカ貿易独占(当然、奴隷貿易も含まれます)の法を犯したとして、彼が相当額を出資していた貿易船も国家に没収されてしまいました。さらに、1680年代には、北米植民地ジャージーの開発にも乗り出すなど、なかなか山っ気の強い人物だったようです。

さて、王室郵便がロンドン市民のニーズに充分に応えていないことを体験的に知っていたドクラは、その隙間にこそビジネスチャンスがあると考え、1680年3月、ロバート・マーレイら数名の出資者を募ってロンドン市内とその近郊で郵便の戸別配達サービスを創業しました。

いわゆる〝(ドクラの)ペニー・ポスト〟です。

ドクラのペニー・ポストは、料金は前納制で、ロンドン市内は一律1ペニー(それがペニー・ポストの名前の由来です)。重さ1ポンド(約453・6グラム)以下、価格10ポンド以下のもの(小包を含む)に限って受け付けるということになっていました。

ロンドン市内に関しては戸別配達ですが、近郊に関しては窓口で受け取る局留形式が原則です。ただし、追加で1ペニーを払うと、宛先まで戸別配達してもらえました。

逓送のシステムとしては、ロンドン市内とその近郊を7つに分割したうえで、シティのライム・ストリートにあったドクラの邸宅を本局とし、ビショップスゲイト、ハーミテージ、セント・ポール、サザック、テンプル、ウェストミンスターに区分局(sorting house)を設置。そして、市内のコーヒー・ハウスやホテル、商店など400カ所で

図1 ドクラのペニー・ポストで用いられた料金収納印と時刻表示の印

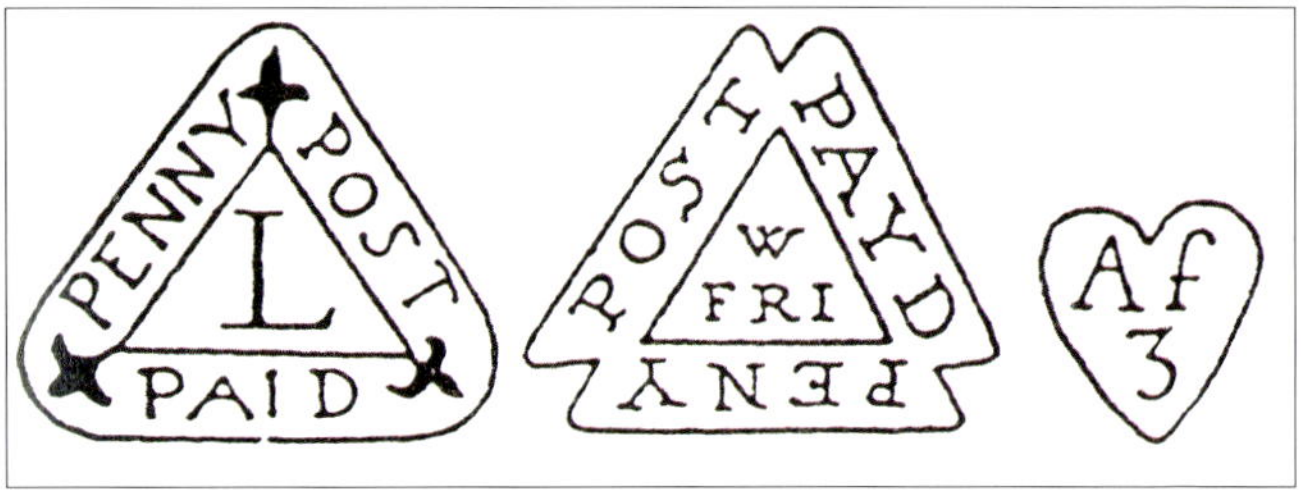

郵便物を受け付けました。現在の感覚でいえば、コンビニエンス・ストアが宅配便を受け付けるのと近いかもしれません。また、利用者の中には、地方宛の郵便物をロンバード・ストリートにあった王室郵便の中央郵便局に届けるためにペニー・ポストを利用する人もいました。

余談ですが、日本では宅配便業者は郵便局の私書箱に配達できないことになっていますが、こうした規制を設けている国は世界的に見ると極めて例外的なケースで、多くの国では、郵便局が私書箱宛にフェデックスで送られてきた荷物の受け取りを拒絶するということは、まずありません。

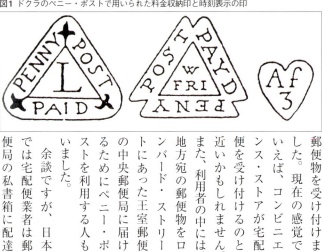

さて、ペニー・ポストでは、シティなどの繁華街では1日10～12回、その他の市街地では6～8回、近郊では4～5回、郵便物の集配を行っていましたので、最短で1時間、通常でも数時間以内に郵便物を受け取ることが可能でした。

ところで、郵便料金を前納させる場合、料金支払済の郵便物であることの表示方法が問題となります。その最終形が切手になるわけですが、ドクラのペニー・ポストの場合は、三角形の料金収納印が用いられました。

収納印は〝ペニー・ポスト・支払済〟の文言を三辺に配し、中央に区分局名の頭文字が入れられました。具体的には、ライム・ストリートの本局がL、ビショップスゲイト局がB、ハーミテージ局がH、セント・ポール局がP、サザック局がS、テンプル局がT、ウェストミンスター局がWです。局名のアルファベットの下には、曜日が表示されることもありました。また、局名の他に、郵便の配達時間を示す印も使用されるなど、ビショップ・マークよりもキメの細かい対応です。（図1）

ドクラは、こうしたビジネスモデルの特許を取得。創業当初こそ、初期投資の必要もあってペニー・ポストは赤字の運営でしたが、1682年初頭には事業収支は黒字に転換します。

ところが、ペニー・ポストの成功に対して、王室郵便の利益を独占的に与えられていたヨーク公ジェイムズが横やりを入れてきます。

その背景には、ペニー・ポストの利権をめぐる問題に加え、ドクラのパートナーであったマーレイがホイッグ党の有力な活動家だったという事情もありました。

英国のかつての2大政党の一つであったホイッグ党は、もともと、チャールズ2世の王位継承問題（チャールズ2世は艶福家で庶子には恵まれていましたが、正室でポルトガルのブラガンザ王家出身の王妃キャサリンとの間には子がありませんでした）に関して、カトリック信者のヨーク公が即位することに反対する人々のサークルとして出発しました。

ドクラとそのパートナーの中には、カトリックの信徒でトーリー党員（ホイッグ党とは逆に、チャールズ2世の後継者としてヨーク公の即位を認める勢力）のヘンリー・ネヴィル・ペインもいましたので、ペニー・ポストが直ちにホイッグ党の組織であるということにはならないのですが、ホイッグ党の中には、ペニー・ポストがヨーク公の〝財布〟である郵便事業に打撃を与える手段として効果的であると考える者があったことも事実です。

実際、同党の創設者であったシャフツベリ伯爵アントニー・アシュリー＝クーパーは、ペニー・ポストの熱心な支援者でした。

こうした背景の下、ペニー・ポストが黒字化した機会をとらえて、1682年11月、ヨーク公は政府を動かし、

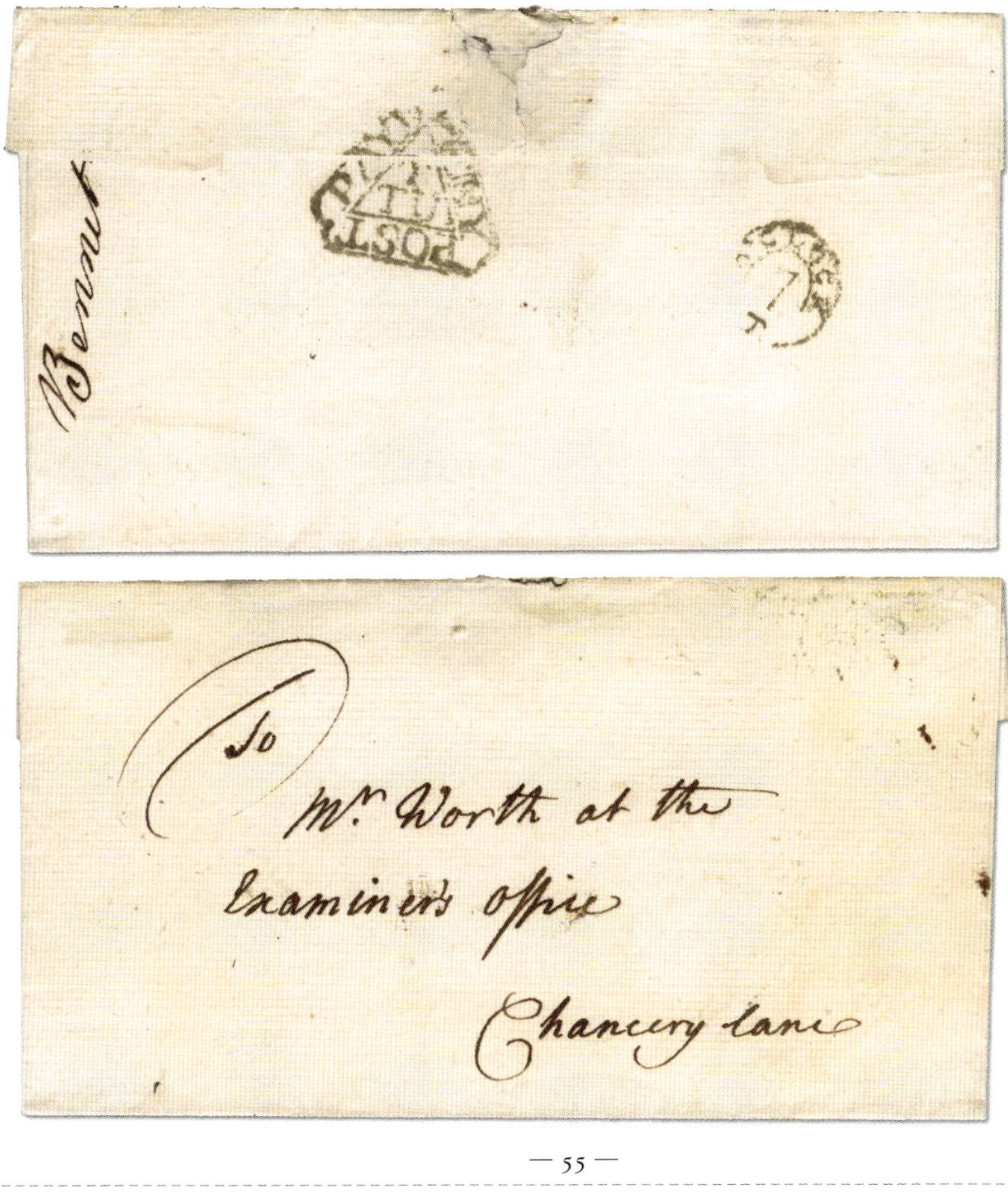

図2　官営時代のペニー・ポストにより、ロンドン市内のテンプル地区からチャンスリー・レーン宛に送られた郵便物。料金収納印はドクラによる創業当時の形式がそのまま踏襲されており、三角形の中の〝T／TU〟は〝テンプル・火曜日〟を意味しており、右側の円形の印は〝1時〟を意味する。

図4 オランダが発行した名誉革命300年の記念切手には、ウィリアムとメアリの肖像が取り上げられている。

図3 2010年の英国切手に取り上げられたジェイムズ2世の肖像

ドクラに対して、彼の事業は郵便憲章が定める郵便事業の政府独占に違反しているとして、事業の特許を放棄し、2000ポンドの罰金を支払うよう要求。ペニー・ポストの事業を無償で没収し、強引に国有化してしまいました。そして、翌12月、ドクラの組織をそのまま引き継ぐかたちで官営のペニー・ポストを再開します。(図2)

その後、ヨーク公は、1685年、チャールズ2世の崩御を受けて、イングランド国王ジェイムズ2世として即位しました。(図3)

即位当時、ジェイムズ2世には嫡子がなかったため、国教会派の拠点である議会も、ジェイムズ2世1代限りであればカトリックの王もやむなしという立場でしたが、1688年、王妃が王子を産むと状況は一変。次の国王もカトリックとなることは絶対に許容できないと考えた議会は、ホイッグ・トーリーの党派対立を超えて、ジェイムズ2世の後継者として、国王の長女メアリとその夫で新教徒のオランダ総督ウィレム(英語読みでオレンジ公ウィリアム)を国王として招聘し、ジェイムズ2世を王位から追放しました。

いわゆる「名誉革命」です。(図4)

翌1689年、議会は「権利の宣言」を提出。ウィレムとメアリはこれを承認してウィリアム3世とメアリ2世として即位します。さらに議会は権利宣言を「権利の章典」として制定し、イングランドにおける立憲君主制が成立しました。

こうした時代の変化を受けて、1690年以降、ドクラもペニー・ポストの考案者として、毎年500ポンドの年金を受け取れるようになり、名誉を回復。さらに、1697~1700年にはペニー・ポストの監査官も務めました。その後、ドクラはウェールズの鉱山から採取された鉛の販売や銅の精錬などの仕事に転身しますが、経済的には不遇な状態が続き、1716年に亡くなりました。

連合王国

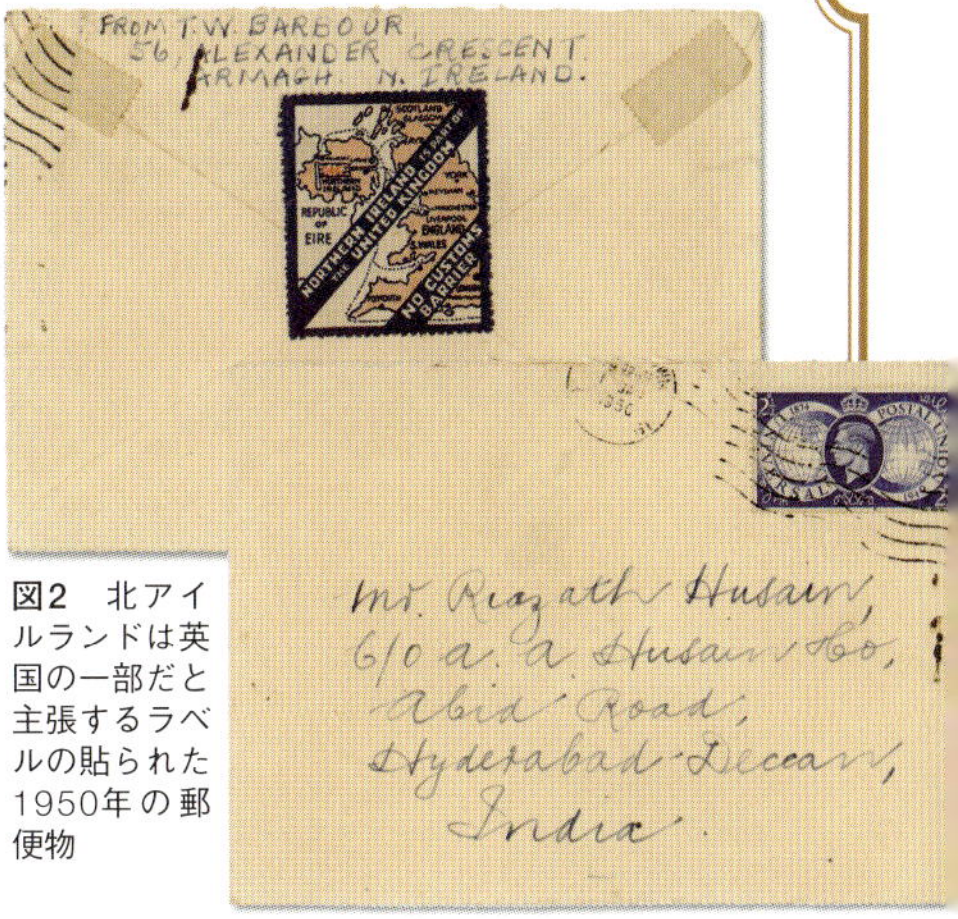

図2　北アイルランドは英国の一部だと主張するラベルの貼られた1950年の郵便物

日本語で一般にイギリスもしくは英国と呼ばれている国は、正式名称では“グレイト・ブリテン及び北アイルランド連合王国”です。ここでいうグレイト・ブリテンはイングランド、スコットランド、ウェールズの３つの“国”から構成されており、ここに北アイルランドが加わり、連合国家となっているという構図になります。

サッカーやラグビーの国際試合などで、ウェールズ代表、スコットランド代表などが出場していることや、1958年以降、チャンネル諸島、マン島、スコットランド、ウェールズ、北アイルランドの各地で、エリザベス女王の肖像に各地の紋章やシンボルマークなどを入れた地方切手が発行されていることなどは、そうした“連合王国”のかたちを反映したものといえます。

図１は、 そうした地方切手のうち、1958年９月29日に発行されたスコットランドのものですが、 女王の両脇に、スコットランド王旗を掲げた馬（左）とスコットランド国旗を掲げた馬（右） が描かれています。

図1　1958年に発行されたスコットランド地方切手

スコットランド王旗は、スコットランド王としての英国王の旗で、黄色地に花のふち飾りと2重のトレスの中にライオンが後脚で立ち上がった姿を描くものです。一方、スコットランド国旗は、スコットランドの守護聖人・聖アンデレ（セント・アンドリュー）がX字型の十字架にかけられて殉教したとの故事にちなみ、青地にX字型の十字を配したデザインになっています。

現在のユニオンジャックは、連合王国の４つの国旗を組み合わせたデザインですが、スコットランド人からすると、自分たちのセント・アンドリュー・クロスがイングランドのセント・ジョージ・クロスによって分断されているのは大いに不満だそうです。

アイルランド島は1801年にグレイト・ブリテン連合王国（イングランド＋スコットランド＋ウェールズ。1707年に成立）に併合されましたが、この地の多数派であるカトリック系住民に対する英国教会の差別や弾圧が続いていたこともあり、19世紀以降、民族運動が高揚。その反面、全島32州のうちプロテスタント住民が多数派を占める北部のアルスター６州では、独立に反対する声も強く、情勢は不安定でした。

1916年には、アイルランド独立を求めるイースター蜂起が発生。蜂起は鎮圧されましたが、1918年の地方議会選挙ではアイルランド独立派が圧勝。翌1919年、アイルランド国民会議は再度アイルランドの独立を宣言し、独立戦争に突入します。

1922年、独立戦争の講和条約により、アイルランド全島はアイルランド自由国として連合王国の自治領となりましたが、北アイルランドはアイルランド自由国からの離脱と連合王国への再編入を決定。これにより、北アイルランドは独自の議会と政府を持つ連合王国の構成国となり、1927年、現在の“グレイト・ブリテン及び北アイルランド連合王国”が成立しました。

クロス・バイ・ポストと新郵便法

ドクラから事業を受け継いだ官営のペニー・ポストは、名誉革命の混乱が収束すると順調に取扱数を伸ばし、18世紀初頭には、年間100万通を引き受け、4000ポンドの利益を上げるほどになりました。

ところで、イングランドの名誉革命でジェイムズ2世が追放されたことに対しては、スコットランドとアイルランドは強く反発していました。

もともと、スコットランドでは、前述のウィリアム1世以来の因縁もあって、イングランドに対する対立意識が根強くありました。また、ステュアート家がスコットランド出身ということもあって、スコットランドの世論はジェイムズに同情的でした。

一方、クロムウェルの時代にイングランドによって植民地化されたアイルランドは、住民の多数がカトリックという宗教的な事情から、カトリックの信徒であるジェイムズ2世を支持していました。

このため、18世紀前半には名誉革命に対する反革命として〝ジャコバイド運動〟が展開されることになりますが、それらはことごとく失敗し、結果的に、イングランドのグレイト・ブリテン島全島に対する影響力は強まりました。そして、1707年、いわゆる連合法が成立し、ついにイングランドとスコットランドが正式に合併。イングランド、ウェールズ、スコットランドの連合王国として〝グレイト・ブリテン連合王国（以下、英国）〟が成立しました。

こうした国家統合への動きと軌を一にして、地方の郵便網も拡充されていきます。

その一環として、1696年、エクセター＝ブリストル間をダイレクトに結ぶ〝クロス・バイ・ポスト（Cross and Bye Posts）〟が導入され、その後、その範囲が徐々に拡大されていきました。（図1）

図1 17−18世紀の逓送 主要路線図

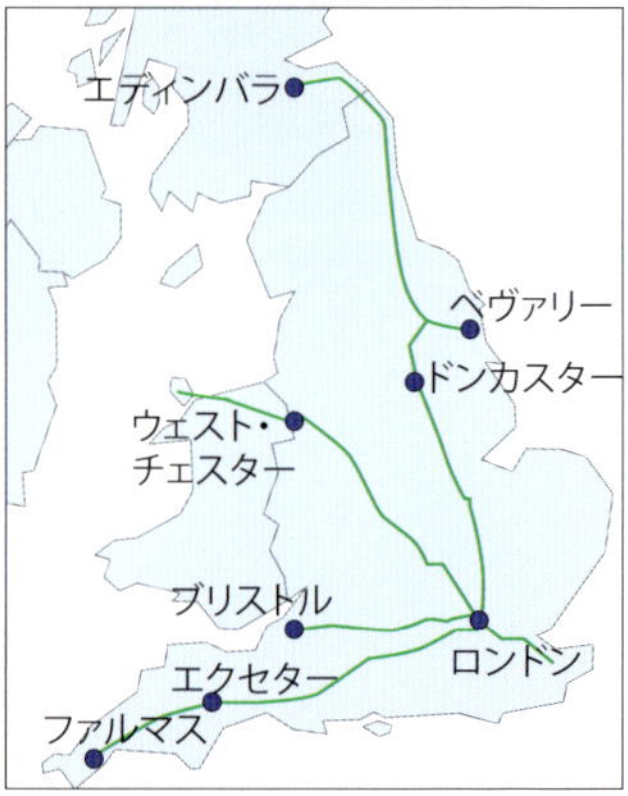

それまでの郵便ルートは、郵便の取扱数を中央が把握する必要もあって、ロンドン経由で往来していましたが、そのため、地方都市間の逓送ルートは大きく迂回せざるを得ないケースも少なからずありました。

たとえば、エクセター＝ブリストル間の直線距離は131・6キロ（81・8

マイル）ですが、途中、ロンドンを経由すると、５０７キロ（３１５マイル）になります。当時の郵便料金は距離に応じて決められていましたので、当然、エクセター＝ロンドン間とロンドン＝ブリストル間の料金の合算という割高なものとなってしまいます。

クロス・バイ・ポストの導入は、そうしたロスを大幅に減じるものとして、利用者から歓迎されました。

さらに、連合王国の成立を受けて、１７１１年、新たな郵便法（第２の郵便憲章とも呼ばれました）が制定されます。同法の最大の目的は、スコットランドの郵便法を廃止し、ロンドンの郵政省が英国全体を統括することにありましたが、このほか、郵便事業の官営独占の強化、ロンドンの官営ペニー・ポストの承認、植民地郵便（図２）などの内容も盛り込まれました。

さらに、フランスやオランダとの植民地争奪戦争がさかんに行われており、政府にとって戦費調達が急務となっていたという事情を踏まえて、１７１１年の郵便法では、郵便事業の利益を戦費にも使えるようになりました。

図2 米国独立以前の1756年6月11日、北米植民地のチャールストンから英国北部のエア宛に差し出されたもので、ブロンスデン船長の英国船ケント号で運ばれた。ケント号はブリストルを出発して1756年6月にチャールストンに入港、同年7月、チャールストンを発ってブリストンに帰着した。裏面には、ブリストルのものと思われる9月17日付のビショップ・マークが押されている。“1N9”と書き込まれているのは郵便料金で、大西洋横断に1シリング7ペンス、英国到着後の料金として2ペンスの計1シリング9ペンスを受取人から徴収すべきであるとの意味である。

図1 ラルフ・アレン

アレンの活躍

ところで、クロス・バイ・ポストの導入により、ロンドンを介さずに地方間で郵便を直接やり取りするようになったことは、郵便逓送の大幅なスピードアップをもたらしました。

一方、各地の郵便局の中には、本省に納める郵便物の取扱数をごまかし、金額を過少申告する事例も後を絶たず、郵便事業の収益は悪化しました。

この問題に取り組んだのが、ラルフ・アレン(図1)です。

アレンは1693年、コーンウォリスのセント・コロンブ・メジャーで生まれました。

1715年、コーンウォール(イングランド南西端の港町)でのジャコバイド派の反政府蜂起の陰謀を暴いたのを機に、イングランド軍の少将(後に元帥)ジョージ・ウェイドの庇護をうけるようになります。

このコネクションを活かして、1720年、27歳の若さで、ロンドンの郵政省と年間6000ポンド、7年契約でクロス・バイ・ポストの事業を請け負いました。

当初、アレンが請け負ったクロス・バイ・ポスト事業の収支は、ほぼプラスマイナス・ゼロでしたが、アレンは当初の契約期間が終了した後も、契約を延長し、郵便事業全体の改革に取り組みます。

アレンがまず取り組んだのは、郵便逓送の実態を正確につかむことでした。このため、彼は郵便局長に対して、四半期ごとに、郵便物の受発信を記録した伝票を作成・提出させました。その

図2　1769年、ロンドン西部、テムズ河畔のアイズルワースからロンドン市内のアーガイル宛に差し出された郵便物。差出地であるアイズルワース（ISLEWORTH）の局名印と、9月15日付のビショップ・マークが押されている。

情報を分析することで、不正の疑いや不備などがあれば、郵便監察官が査察に入ります。

また、当時は、ロンドンのペニー・ポストのような例外を除いて、原則として、郵便料金が受取人払いだったため、郵便物が配達不能になった（＝郵便料金を受け取れなかった）場合には、ロンドンの郵政省が現場の郵便局に対して費用弁償のための補償金を支払っていましたが、このことを悪用して、〝配達不能〟の郵便物を偽造し、補償金を詐取しようとする局長も少なからずいました。

その対策として、アレンは郵便物を引き受けた際には、従来のビショップ・マークに加え、その郵便局の局名印を押すことを強く求め、〝配達不能〟とされた郵便物の真贋を判定するための材料としました。（図2）

このように、アレンは郵便局長による不正に対しては厳しく接する一方で、伝票で料金徴収額を正直に申告した局長に対してはボーナスを支給するなど、〝飴と鞭〟の対応で接しています。

こうした施策は徐々に効果を上げ、7年ごとの契約は次々に更新され、1764年、71歳で亡くなるまで、アレンはクロス・バイ・ポストの責任者としての地位を維持し続けました。40年以上にも及ぶ彼の活動によって、英国の郵便事業は150万ポンドもの利益を得たとも称されています。

ところで、アレンには郵便事業以外にも大きな業績があります。

1727年、アレンはバース（イングランド西部の温泉地）出身の建築家、ジョン・ウッドと知り合いました。

アレンは私費を投じてバースの採石場（バース・ストーンと呼ばれる蜂蜜色の石灰岩が産出されます）を買い取り、ウッド父子と共に、バース・ストーンを使ったバースの市街地建設に着手します。彼らの作り出した街並みは、その美しさから評判となり、バースはロンドンの貴族や富裕層たちの保養地として人気を博しました。

馬車が運ぶ／鉄道が運ぶ

ペニー・ブラックが発行された1840年には、
すでに英国では鉄道による郵便輸送が行われていましたが、
あわせて、郵便馬車も運行されていました。
馬車と鉄道はどちらもヴィクトリア朝時代の英国を象徴する
二つの輸送手段ですが、それらが郵便を運ぶようになった
いきさつについてお話ししましょう。

郵便馬車の時代

アレンの時代まで、郵便物の輸送はポストボーイが馬に跨って郵袋《ゆうたい》を運ぶスタイルでしたが、この方式では、一度に運べる量に限界があります。また、人気のない田舎道は治安も悪く、ポストボーイが強盗に狙われることもしばしばでした。

こうしたことから、ジョン・パーマー（図1）の提案により、郵便物の輸送に馬車が使われるようになります。

パーマーは、1742年、バースでビールの醸造所と劇場を経営する家庭

図1 ジョン・パーマー

の子として生まれました。パーマー家の劇場は、1768年、〝王室御用達〟の称号を獲得し、ロンドン外で初めて〝シアター・ロイヤル〟を名乗る権利を得ています。

当初、パーマーは父親の代理としてロンドンで働いており、ロンドンとバースの間を頻繁に往来していましたが、1776年、父親の引退に伴い、経営者として事業を継承します。なお、パーマー家はブリストルでも劇場を経営していましたが、こちらも、1778年に〝王室御用達〟の称号を得ました。

パーマーはバースとブリストルの2ヵ所で劇場を経営していましたが、ふたつの劇場で公演する劇団は一つだけでした。このため、パーマーの劇団は俳優と舞台装置、衣装などの輸送のため、パーマーは馬車を運行していました。

ところで、当時のポストボーイによる郵便輸送では、ロンドン＝バース間の所要時間は3日かかっていましたが、パーマーが運営していた馬車の輸送では1日しかかかりません。

こうした経験から、パーマーは、郵便物の輸送にも馬車を使えば、郵便事業もより効率的になると考え、1782年、ロンドンの郵政省に郵便馬車の導入を提案します。

パーマー提案の基本的な構想は、郵政省が馬車の運営業者（馬車、馬、御者は業者がすべて用意します）と輸送契約を結んだうえで、運営業者に対して有料道路の料金所を無料で通過できる特権（当時の英国では各地の有力者が〝有料道路〟を設定し、通行料を徴収していました）を与えることで、郵便輸送のスピード・アップをはかろうというものでした。また、道中のセキュリティを確保するため、郵便馬車には小銃を携行した護衛を同乗させることも提案されています。

パーマーの提案に対しては守旧派の職員たちの反対もありましたが、「郵便馬車の導入により郵便のスピードが速くなり、サービスが向上すれば、利用者は郵便料金の値上げを容認するだろう。このことは、国庫収入の増大に寄与する」とのロジックが決め手となり、首相兼蔵相のウィリアム・ピット（小ピット。図2）は、郵便馬車の試験走行を承認しました。

小ピットは、１７６０年代に英国首相を務めたウィリアム・ピット（大ピット）の次男として、１７５９年、ケント州ヘイズのヘイズプレイスで生まれました。

幼少時から神童の誉れ高く、１７７３年、14歳でケンブリッジ大学ペンブルック・カレッジに史上最年少で入学し、政治哲学、西洋古典学、数学、三角法、化学、歴史を学びました。

図2 2014年の切手に取り上げられた小ピット

１７７９年、父親の大ピットがなくなりましたが、次男であるがゆえにチャタム伯を襲爵《しゅうしゃく》することができなかったため、議員として国政を志し、１７８１年、庶民院（下院）議員に当選します。

１７８２年3月、フレデリック・ノースの内閣が退陣し、チャールズ・ワトソン＝ウエントワースが首相となると、小ピットはアイルランドの副出納官の職を勧められたものの、これを拒否して無役に留まりました。

ところが、ウエントワースは首相就任後わずか3ヵ月で亡くなり、同年7月、ウィリアム・ペティが後継内閣を組織すると、ペティとの関係が良好だった小ピットは大蔵大臣として初入閣を果たします。

当時の英国はアメリカ独立戦争での劣勢が続いており、１７８２年11月、ペティ内閣は合衆国の独立を承認する仮条約を調印しました。しかし、この仮条約は「アメリカに譲歩しすぎている」として議会で否決され、１７８３年2月、ペティ内閣は退陣に追い込まれます。

小ピットの才能を見込んだ国王ジョージ3世は後継首相への就任を勧めましたが、小ピットはこれを辞退。これを受けて、チャールズ・ジェイムズ・フォックスとフレデリック・ノースの連立政権が発足しました。

しかし、連立政権も、結局はアメリカの独立を承認せざるを得ず、同年12月、小ピットが24歳の若さで首相に就任しました。以後、小ピットは、１８０１年まで、および１８０４年から０６年に没するまで首相と蔵相を兼任し、フランス革命とナポレオン戦争への対応に追われながら、英国政治の改革と効率化に尽力します。

前述のような経緯を経て１７８３年

図3 パーマーの郵便馬車による試験運行の様子を取り上げた絵葉書

末に発足した小ピット内閣にとって最大の課題は、北米植民地の喪失後の国家再建でした。それゆえ、パーマーの提案も、国家の増収につながる可能性があるものとして新政権はこれを歓迎したわけです。

かくして、1784年8月2日午後4時、パーマーの郵便馬車（図3）によるテスト便はブリストルを出発しました。馬車は、バース出発から16時間後の翌朝8時、ロンドンに到着しました。それまでのブリストル＝ロンドン間の郵便輸送は38時間かかっていましたから、大幅な時間短縮です。

この結果を受けて、小ピットは、ロンドン＝ブリストル間に加え、1785年春までに、ノリッチ、ノッティンガム、リヴァプール、マンチェスターを往来する郵便馬車の運行を認可します。さらに、翌1785年末までに、郵便馬車の路線は、リーズ、ドーヴァー、ポーツマス、プール、エクセター、グロスター、ウスター、ホリヘッド、カーライルにまで延伸されてイングランドとウェールズの主要都市はほぼカバーするようになり、1786年夏にはロンドン＝エディンバラ間にまで路線が拡大され、1797年までには郵便馬車は42路線で運行されるまでになりました。（図4）

なお、郵便馬車の運航が本格的に始まると、1786年10月、提唱者のパーマーは、郵便業務の会計監査兼検査業務を担当する総支配人(Surveyor and Comptroller General of the Post Office)に任命されています。また、その主張通り、郵便事業の収入は1784年の5万1000ポンドから1787年には7万3000ポンドに増加しましたので、1789年以降、パーマーには報奨金が支払われています。ただし、その額は、パーマーが期待していた金額には及ばず、彼は大いに不満でした。このため、小ピットとパーマーの関係は次第に冷却し、1792年、パーマーはその職を解任されました。その際、ピットはパーマーの労に報いるとして年間3000ポンドの恩給を支払うこととしましたが、パーマーはこの金額にも不満で、恩給の増額を要求し続けています。結局、この問題は、1806年に小ピットが亡くなってから7年後の1813年、パーマーに生涯年金として計5万ポンドが支払われることでようやく決着しました。

図4 郵便馬車200年の記念切手には、18～19世紀の郵便馬車のさまざまな光景が取り上げられている。左から順に、①ロンドン＝バース間の最初期の郵便馬車。背景にはターミナルとなった旅館“スワン・ウィズ・トゥー・ネックス”の看板が見える。（1784年）②ソールズベリ付近でサーカスの一座から逃げ出したライオンに襲われるエクセター行きの郵便馬車（1816年）、③激しい雷雨の中を疾走するノリッチ便の郵便馬車（1827年）、④ロンドンを出発するホリヘッドおよびリヴァプール行の郵便馬車（1828年）、⑤エディンバラで豪雪のため運行不能となった郵便馬車と郵袋を最寄りの郵便局に届けるため馬で急ぐ御者（1831年）。郵便馬車は定刻までに宿駅に到着しないと、御車は罰金を払わなければならなかったため、彼らも必死だった。

この間、パーマーは英国の郵便事業に多大な利益をもたらした人物として社会的な名声を獲得し、1796年と1809年にはバース市長に、1801～08年には下院議員も務めています。なお、彼が亡くなったのは1818年のことでした。

さて、パーマーが1874年に使った郵便馬車は1トン以下の軽量タイプで、車体は黒と黄色で塗られ、ドアには王室の紋章が入っていました。これをもとに、ジョン・ベサントがカーブで曲がりやすいように改良を加えて特許を取得すると、1787年、郵政省はこの車両を郵便馬車として採用します。これにより、ベサントは、パートナーのジョン・ヴィドラーとともに、郵便馬車の車両の提供を独占。さらに、ヴィドラーは郵便馬車の輸送も請け負いました。

馬車は、毎朝、ロンドン市内ウェストミンスターにあったヴィドラーの馬車工房（メンテナンスも担当していました）を出発してロンバード街の中央郵便局で目的地別の郵袋《ゆうたい》を回収し、そこから、全国各地へと向かうわけですが、馬車は郵袋とあわせて旅客も乗せていましたので、まずはロンドン市内で彼らをピックアップするためのターミナルに向かいます。

ターミナルとして用いられたのは、行き先方面別の馬車（コーチ）の停留所を兼ねていることから〝コーチング・イン〟と呼ばれた旅館です。その代表的なものとしては、たとえば、エドワード・シャーマンがシティのセント・マーティンズ・ル・グランド・ストリート（1829年にロンバード・ストリートから中央郵便局が移設された地域で、現在、そのことにちなむ地下鉄の〝ポスト・オフィス〟駅があります）で経営していた〝ブル・アンド・マウス〟はスコットランド方面（エディンバラ、グラスゴーなど）のターミナル、ウィリアム・チャプリンがラッド・レーンで経営していた〝スワン・ウィズ・トゥー・ネッ

図5 ロンドンの郵便馬車（左）とステージ・コーチを並べて描くハーヴェルの版画を取り上げた絵葉書

クス〟はファルマスやブリストルなど南西方面のターミナルとなっていました。

郵便馬車はターミナルで旅客も乗せましたが、あくまでも運搬される主役は郵便物でした。このため、郵便馬車の居住性は快適とは言えず、坂道を登るときには乗客が車両から降りるよう要求されることもありました。また、御者にとっての最優先課題は、郵便物を定刻までに宿駅に届けることでしたので（時間に遅れると罰金が科されました）、途中の休憩時間はほとんどなく、トイレ休憩などで下車した乗客が戻る前に馬車が出発してしまうということもあったようです。

それでも、郵便馬車は、道路の混雑を避けて夜間にも運行するなどしたため、旅客用のステージ・コーチ（いわゆる駅馬車）に比べて目的地に早く到着できたため、速さを優先する乗客には重宝がられました。（図5）

ローカル・ペニー・ポストの拡大

図1 フランス革命200年記念に発行された「人および市民の権利宣言(フランス人権宣言)」の小型シート

1789年、ドーヴァー海峡をはさんだ対岸のフランスで革命が始まりました。(図1)

当初、英国政府はフランスの動きを傍観していましたが、革命政府がベルギーやオランダへ進出する動きを示すと警戒感を抱くようになります。

1733年にジョン・ケイが飛び杼《ひ》を発明したことで、英国は産業革命の第一歩を踏み出しました。その後、1764年にジェイムズ・ハーグリーヴズがジェニー紡績機(従来の紡績機と比べて、同時に6~8本の糸を紡ぐことができるようになり、紡績能力は飛躍的に向上しました)を、1769年にリチャード・アークライトがそれを改良し(図2)、紡績の工場生産を可能とする水力紡績機を、さらに1776年にはジェイムズ・ワットが蒸気機関を発明(図3)。本格的な産業革命の時代に突入し、

図3 ワットと彼の発明した蒸気機関を描く2009年の英国切手

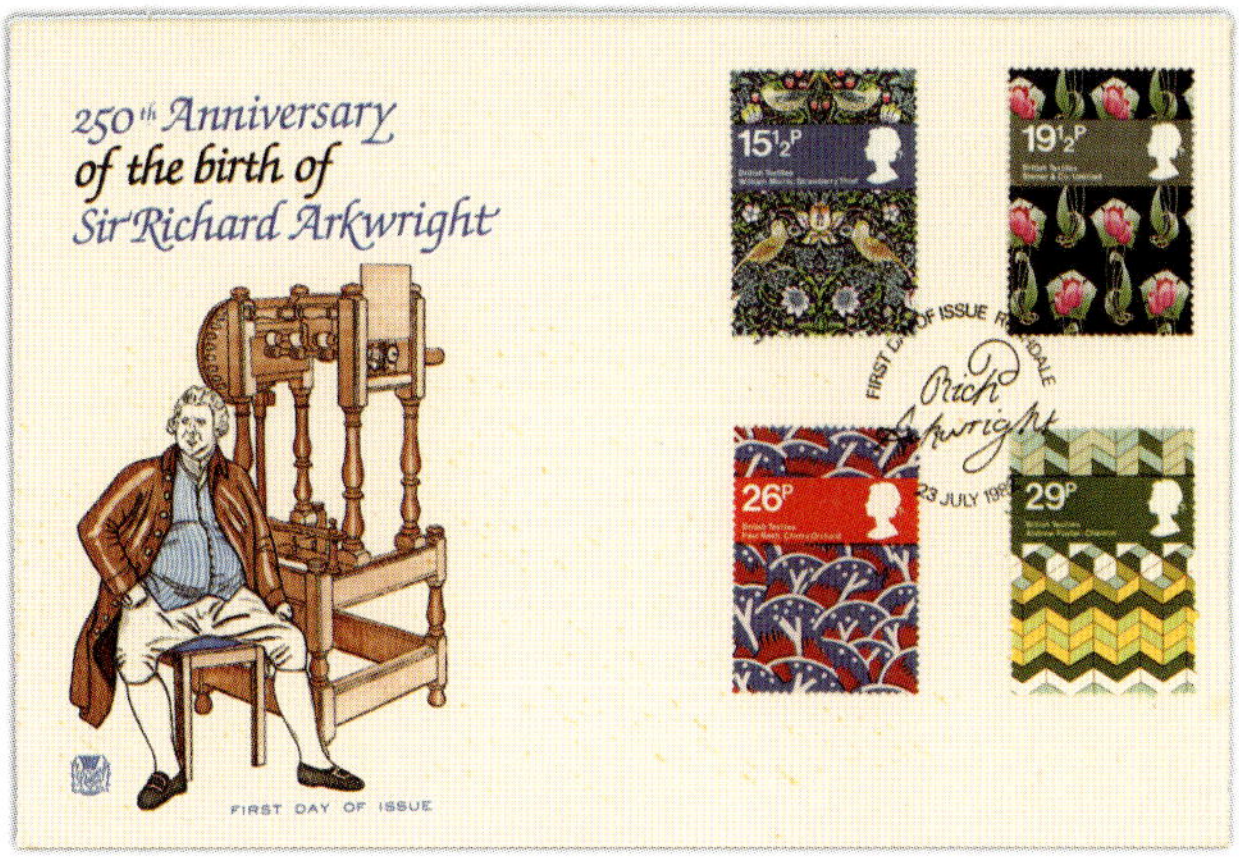

図2 アークライトの生誕250年に合わせて発行された“英国のテクスタイル”の切手の初日カバー。カシェにはアークライトの肖像と彼の発明した紡績機のイラストが描かれている。

ベルギーやオランダは英国にとって重要な市場となっていました。

こうした背景の下、1792年4月、フランス革命政府（国民公会）がヨーロッパ諸国による革命干渉への対抗戦争を開始。同年11月、ベルギーのジェマップでオーストリア軍を破り、オーストリアはベルギー支配を放棄しました。

英国はフランスがさらにオランダに侵攻することを恐れていましたが、1793年1月、ルイ16世が処刑されると、革命に対する反感は決定的なものとなり、小ピット政権はフランス向け商品の輸出を停止します。これに対して、同年2月、フランス革命政府は英国に宣戦し、3月には占領地のライン左岸とベルギーを併合することを宣言しました。

そこで、英国はスペイン、オーストリア、プロイセン、サルデーニャなど大陸諸国と対仏同盟を形成し、革命政府を包囲して革命の進行を押しとどめる干渉戦争に乗り出します。

以後、1815年に皇帝ナポレオンが完全に失脚するまで、英国はフランスとの戦争を戦っていくことになりますが、この戦争の費用負担は英国政府にとって大変な重荷となりました。

さらに、アイルランド問題が再燃します。

カトリックの住民が多数を占めるアイルランドは、当時、アイルランド王としての英国王（グレイト・ブリテン王）の支配下に置かれていましたが、その実態は、カトリックの政治的権利を大幅に制限し、信仰の自由を制約するもので、“植民地支配”と何ら変わりませんでした。

このため、英国という“共通の敵”と戦うことで、フランスからの支援を期待したアイルランドの民族派は、1798年、アイルランド共和国建国を目指して反乱を起こしました。（図4）

反乱は鎮圧されましたが、首相の小ピットは、問題の根本的な解決には英国とアイルランドの連合しかないとの

図4 フランスの支援を受けて行われた1798年の反英蜂起200年を記念して発行されたアイルランド切手

信念の下、1800年に「連合法」を成立させました。この結果、〝グレイト・ブリテンおよびアイルランド連合王国〟が発足しますが（余談ですが、これにより、英国旗が現在のユニオンジャックのデザインとなりました）、その結果、アイルランド議会への補償金と援助が保証されることになり、英国の財政事情はますます悪化します。

こうした事情を反映して1801年の法律（ジョージ3世治世第41年法律第7号）では、郵便料金が値上げされ、官営ペニー・ポストの料金も1ペニーから2ペンスに値上げされました。ただし、値上げ後もサーヴィスの名称は2ペンス・ポストではなく、2ペニー・ポストとなっていました。（図5）

ところで、1801年の法律では、同法の第5条に基づく〝いわゆる5条郵便（5th Clause Post）〟と呼ばれる地域の集配制度が制度化されました。

前述のように、かつての英国の官営郵便の配達先は原則として宿駅までで、戸別配達は行われていませんでした。このため、ロンドンでは1680年にドクラのペニー・ポストが創業され、1682年にそれが官営化されるというプロセスをたどったわけですが、その他の地方都市では、郵便局長が私的にスタッフを雇い、宿駅周辺の各戸から手数料を取って戸別配達を行ったり、各戸から郵便局まで郵便物を運んだりすることが行われていました。

そうした私的な集配サーヴィスは、地域や時代によって差はありますが、1通あたり官営郵便の正規料金に1ペニー上乗せして受取人が支払うというケースが一般的で、1ペニーは局長の収入になります。

その後、1765年の法律（ジョージ3世治世第5年法律第25号）では、郵政長官が必要と認めた市町村に官営ペニー郵便を設置できることになりましたが、その一方で、官営のペニー・ポストが設置された地域には、局長が許可なく私的な戸別集配を行うことが、原

図5 2ペニー・ポストの実例。1806年、5月20日、ロンドン郊外のサンベリーからエディンバラ宛で、サンベリーからロンドン市内までが2ペニー・ポストで運ばれた。

則として禁止されます。

この新制度の下で1773年、アイルランドのダブリンで官営ペニー・ポストがスタートしましたが、事業としての収益を挙げることはできませんでした。

このため、官営ペニー・ポストは他の都市には広まらず、1793年になって、ようやく、イングランドでもバーミンガム、ブリストル、マンチェスターの3都市にペニー・ポストが導入されましたが、3都市の局長は、それまでの私的な戸別集配による収入を失ったにもかかわらず、ペニー・ポストの配達員の賃金を負担しなければならなかったため、補償を求める声が上がります。

そこで、1801年の法律では、〝5条郵便〟というかたちで、人口の少ない村などが自ら集配員を雇い、料金を取って村と宿駅の間を往来する郵便サーヴィスが認められたのです。

5条郵便の最大の特徴は、官営郵便の正規料金については無料の特権を持つ政府関係者や議員や、郵便料金としては無料の扱いだった新聞郵便などからも、きっちり、宿駅と宛先の間の料金を徴収できるようにしていたことにあります。

ここで、当時の英国の新聞と郵便の関係についても説明しておきましょう。

日本人の感覚では、新聞は毎朝自宅に配達されるもの、もしくは、駅やコンビニで買うものということになっていますが、かつての欧米社会では、郵便で送られるものというイメージが強くありました。

たとえば、英国の『デイリー・メール』や米国の『ワシントン・ポスト』といった新聞の名前を聞いたことがある方は多いと思いますが、それらはいずれも、

図6 新聞税を支払ったことを示すスタンプが押された新聞紙(部分)。『ベリー・アンド・ノリッチ・ポスト』という紙名は、郵便で運ぶことを前提としたもの。

図7 5条郵便の実際の例。1822年10月3日、ニューキャッスルからグラスゴー宛の郵便物で、ニューキャッスルで5条郵便の適用を受けたことを示す朱印が押されている。官営郵便の正規料金は別途、受取人から徴収されている。

新聞が郵便で送られることに由来した命名です。

英国では、17世紀の清教徒革命や名誉革命などの社会の大変革の時期にニュースの需要が高まり、新聞が盛んに発行されるようになっていましたが、18世紀半ば以降、産業革命が本格的に進んでいくと、富を蓄えたブルジョアジーが続々と誕生し、新聞の読者も急速に拡大していきました。

ここに目をつけた英国政府は、新聞に新聞税を課しましたが(図6)、その代わり、新聞社への懐柔策として、官営郵便で新聞を送る場合の郵送料は無料としていました。

当時の英国政府の認識では郵税(=郵便料金)も税の一種ですから、結果的に国庫全体が潤えばいいわけで、官営郵便の負担増よりも、新聞の読者が増えたことによる新聞税の増収が上回るのであれば、それで良いという考えだったのです。

さて、郵便料金の無料特権を持つ有

世界最初の新聞切手

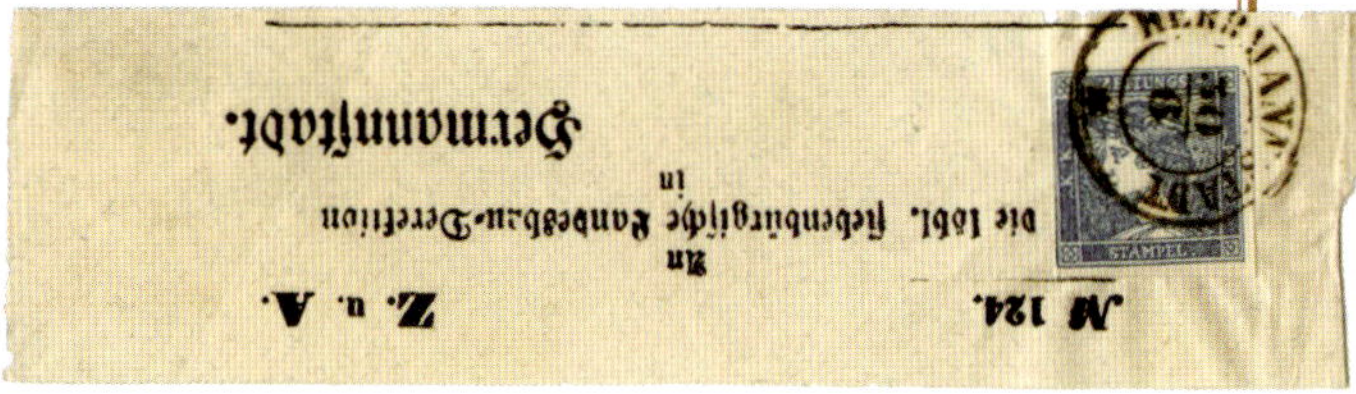

まとまった部数の新聞を定期的に郵送してくれる新聞社は郵政当局にとっては上得意ですから、一般の利用者に比べて料金を割安に設定するなどの優遇措置が講じられています。その結果、新聞を送るための専用切手（新聞切手）を発行する国も少なからずありました。新聞切手を世界で最初に発行したのは1851年のオーストリアで、図案としては、商業神・マーキュリーが描かれていました。図版は、1851年6月30日、その切手を貼って、当時はオーストリアの支配下にあったヘルマンシュタット（現ルーマニア領シビウ）から差し出された帯封の一部です。

図8 1814年9月6日、プリマスからワイト島宛に差し出された後、ロンドンに転送された郵便物。プリマス市内を官営ペニー・ポストで運ばれたことを示す黒印が押されている。

力者や新聞社などへは相当な数の郵便物が発着しますから、そこからもきっちり手数料を徴収できれば相応の収入が見込めます。

したがって、1801年の法律が施行されると、増収を見越して5条郵便を導入する地域が相次ぎ（図7）、英国内の郵便網は拡充していきます。

しかし、5条郵便が広がっていくことに対して、郵便料金無料の特権を有する勢力が黙っているはずもなく、1806年、5条郵便が彼らから料金を徴収することは禁じられてしまいました。その結果、各地の5条郵便の収益は悪化。新たに5条郵便を導入する地域もほとんどなくなります。

そこで、1808年以降、各地の5条郵便を官営のペニー・ポストに転換したり、あるいは、5条郵便のなかった地域には新たに官営のペニー・ポストを導入したりするなどして、産業革命の時代に適合した郵便網の拡充が図られていきました。（図8）

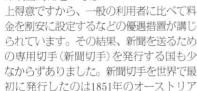

図1 リヴァプール・マンチェスター鉄道開通150周年の記念切手

鉄道郵便のはじまり

　産業革命が進展していくと、大量輸送手段が必要となり、やがて、鉄道が生まれます。

　1803年、ロンドン南部で、馬が牽引する公共鉄道〝サリー鉄道〟が開通。ついで、翌1804年には、鉱山技師のリチャード・トレヴィシックが世界で初めて蒸気機関車の実用化に成功しました。

　そして、1825年、イングランド北東のダーリントン＝ストックトン・オン・ティーズ間の約40キロを結ぶスタックトン・ダーリントン鉄道が世界初の蒸気機関車による公共鉄道として開業し、ジョージ・スティーブンソンの蒸気機関車試作機・ロコモーション号が走ります。そして、1830年のリヴァプール・マンチェスター鉄道の開業により、本格的な鉄道時代が開幕しました。（図1）

　輸送機関の進歩は、当然のことながら、郵便物の輸送にも大きな影響を与えます。

　1830年、リヴァプール・マンチェスター鉄道の開通（図2）を受けて、郵政省は、さっそく、鉄道会社に郵便物の輸送を義務付ける法案を準備します。法案では、鉄道会社は郵便専用の車両を用意して郵便物を運ぶものとし、速度、停車駅、停車時間などは郵政長官が決定することになっていました。

　もちろん、これは郵政省にとっての〝理想〟でしたから、実際の議会の審議の過程では、鉄道会社の意見を入れて修正の上、1838年、一般の列車に郵便車を増結することを義務づけた法律が成立しています。

　郵便輸送において、馬車に代わって

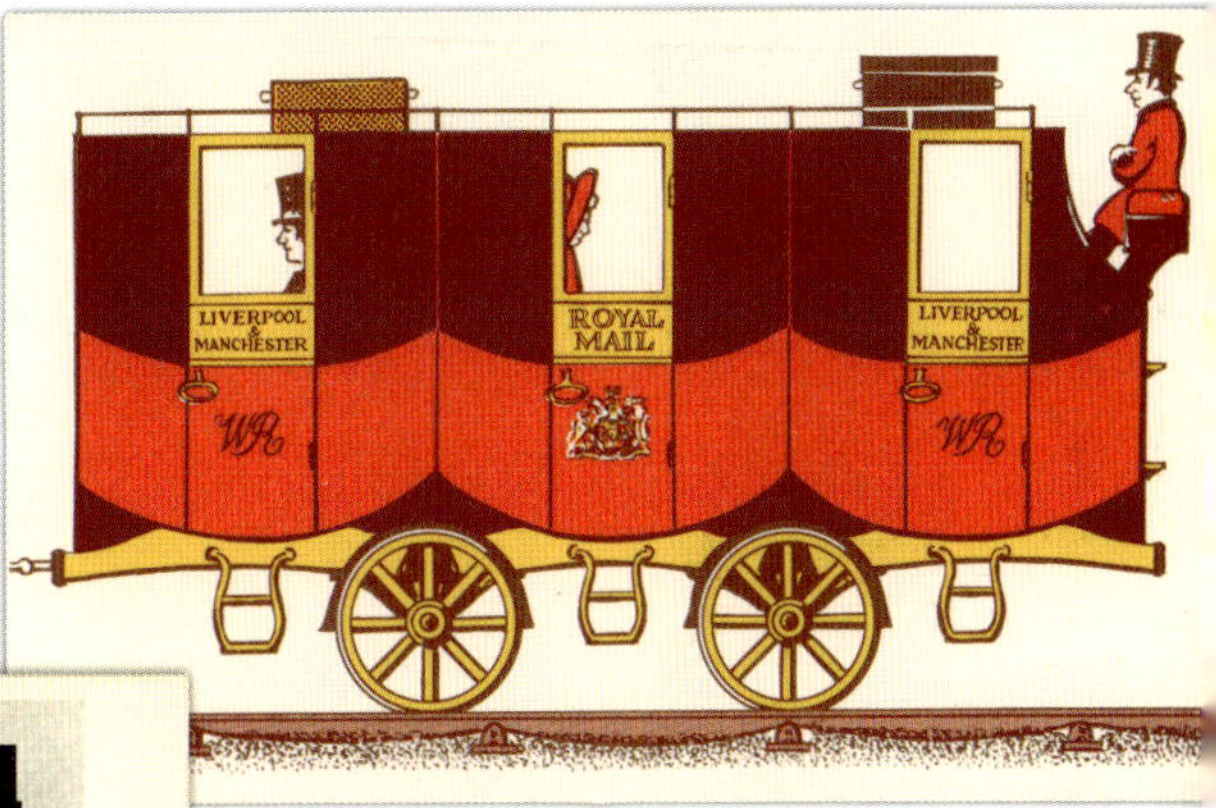

図2 1830年に開通のリヴァプール・マンチェスター鉄道で郵便物を運んだ車両（切手では最後尾に描かれている）のイラストが描かれた絵葉書

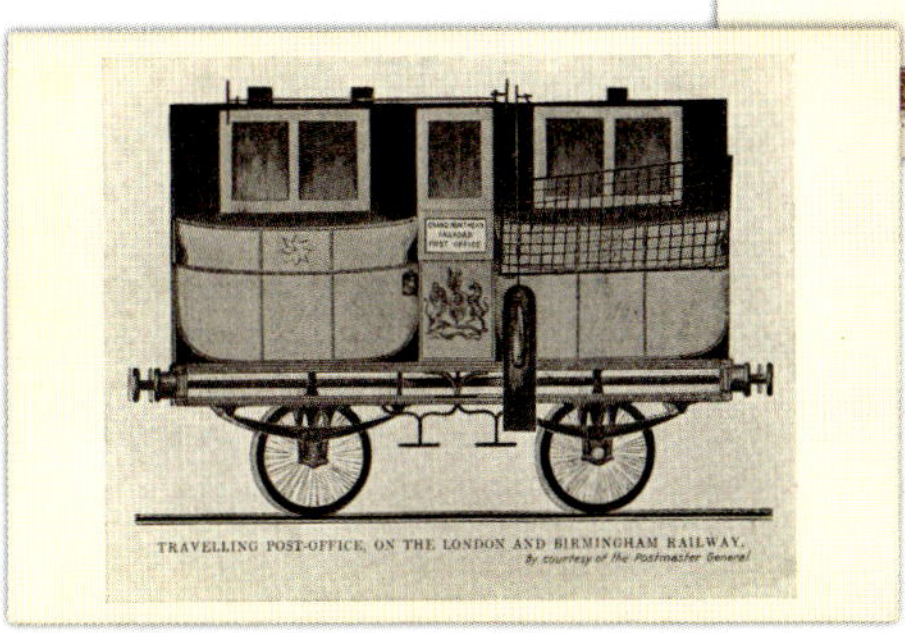

図3 1838年にロンドン・バーミンガム間を走った郵便車を取り上げた絵葉書

鉄道を使うことの利点の第一は、もちろん、スピードですが、それに加えて、鉄道車両を設けることで、移動の途中でも郵便物の区分ができるようになったことが挙げられます。馬車による輸送の場合は、出発前に目的地ごとに郵便物を区分して多数の郵袋を用意しなければなりませんでしたが、鉄道の場合は移動中にその作業ができるのですから、作業上のロスが少ないわけです。

1838年、ロンドン・バーミンガム鉄道が開通すると、王室の紋章をつけた長さ5メートルの車両が導入されました。（図3）

最初の郵便車は馬車の面影を色濃く残したデザインで、右側の窓の下には郵袋《ゆうたい》を入れるバスケットも見えます。

こうして、鉄道は1840年に始まる郵便改革に際しても、重要な輸送手段として深く関わっていくことになるのです。

そして"切手"が生まれた

産業革命によって社会が急速に変化していく中で、１８３７年、大英帝国の栄光を象徴するヴィクトリア女王が即位します。ペニー・ブラックが世に出たのはそれから３年後の１８４０年。まさに、新時代の到来を物語る美しい紙片だったのです。

ウォレスの改革案

１８３０年代の英国は産業革命を進め"世界の工場"となり、まさに日の出の勢いにありましたが、反面、問題も山積していました。急激な近代化は社会構造を大きく変化させ、旧来の行政機構の限界はあらゆる面で露呈していたからです。

そこで、機能不全を起こしつつある政府に対して、現状では何が問題なのか、それに対して政府は何をすべきか、といった点を明らかにするため、議会に専門の調査委員会が設置され、統計資料・調査報告とともに、青書や白書が作られ、公表されました。

水道近代化（１８２９年、ロンドンで砂濾過池《すなろかち》による浄水設備が設置されたことから始まります）、労働者（特に児童）の保護を義務づけた工場法（最初の法律は１８３３年に制定）、初等教育の制度化（１８３７年、ホイッグ党が公共

図1 1836年3月、アイルランドのリムリックからロンドンのランドール・プランケット議員宛の無料郵便。議員特権の無料郵便を示す王冠型の印は、アイルランドのタイプとイングランドのタイプが押されている。Sの字が入った3月20日の印は、(本来は休日の) 日曜日にこの郵便物を取り扱ったことを示している。

教育の法案を提案）、監獄の近代化などは、そうした背景の下に実行された社会改革の例として、歴史の教科書で読んだことがあるという方もあるかもしれません。

　ペニー・ブラックを生み出した郵便の近代化もまた、この流れに沿って行われました。

　郵便改革が必要とされた最大の理由は、なんといっても、膨大な事業収支の赤字です。

　郵便事業の収支が悪化した原因は種々ですが、まずは、無料で配達される郵便物が膨大な量にのぼっていたことが挙げられるでしょう。

　前述のように、当時、国会議員や政府高官などは、無料で郵便を受け取ることができました。（図1）

　また、新聞の郵送料が無料であったため、新聞の読者が増えれば増えるほど、郵便事業の経営は圧迫されることになります。

　とはいえ、相手がだれであろうと、郵便物を運ぶためには一定のコストがかかるわけで、その分は有料郵便の収入によって賄わなければなりません。当然のことながら、一般庶民の利用する郵便料金は割高になります。（図2）

　こうした特権を多少なりとも見直そうという動きはヴィクトリア女王の即位以前にも何度かあったのですが、1801年以降の5条郵便の例を持ち出すまでもなく、ことごとく失敗しています。それどころか、地位や立場を利用して無料郵便を濫用しようとする輩は増えるばかりで、郵便物全体の12・5％がそうした無料郵便になっていました。

　さらに、当時の英国政府は郵便料金

GREAT WEIGHT AND NO PRICE! LITTLE WEIGHT AND ALL PRICE!!

図2 特権階級による無料郵便や新聞の輸送が、郵便事業の経営を圧迫していることを皮肉った風刺画

を税金の一種として扱っていたため、財政事情が悪化すると、政府は打ち出の小槌のように郵便料金を値上げしており（例えば、政府は石炭税の導入に失敗すると、その代替財源として郵便料金を値上げしました）、このことが、さらなる料金高騰の原因となっていました。

たとえば、時代的にはやや遡りますが、1812年のシングル・レターの料金は最高1シリング5ペンスでしたが、これは、当時の日雇い労働者一日分の労賃に匹敵する金額です。現在（2015年）の日本に置き換えてみると、平日昼間のコンビニの時給は全国平均で1000円前後ですから、8時間働いたとして8000円。この金額を払ってまで手紙を出したい（出さなければならない）用事など、そう滅多にあるはずがありません。

このように現実離れした高額の料金が設定されていれば、不正利用や不正ギリギリの方法で料金の支払いを免れようとする者が続出するのは当然です。

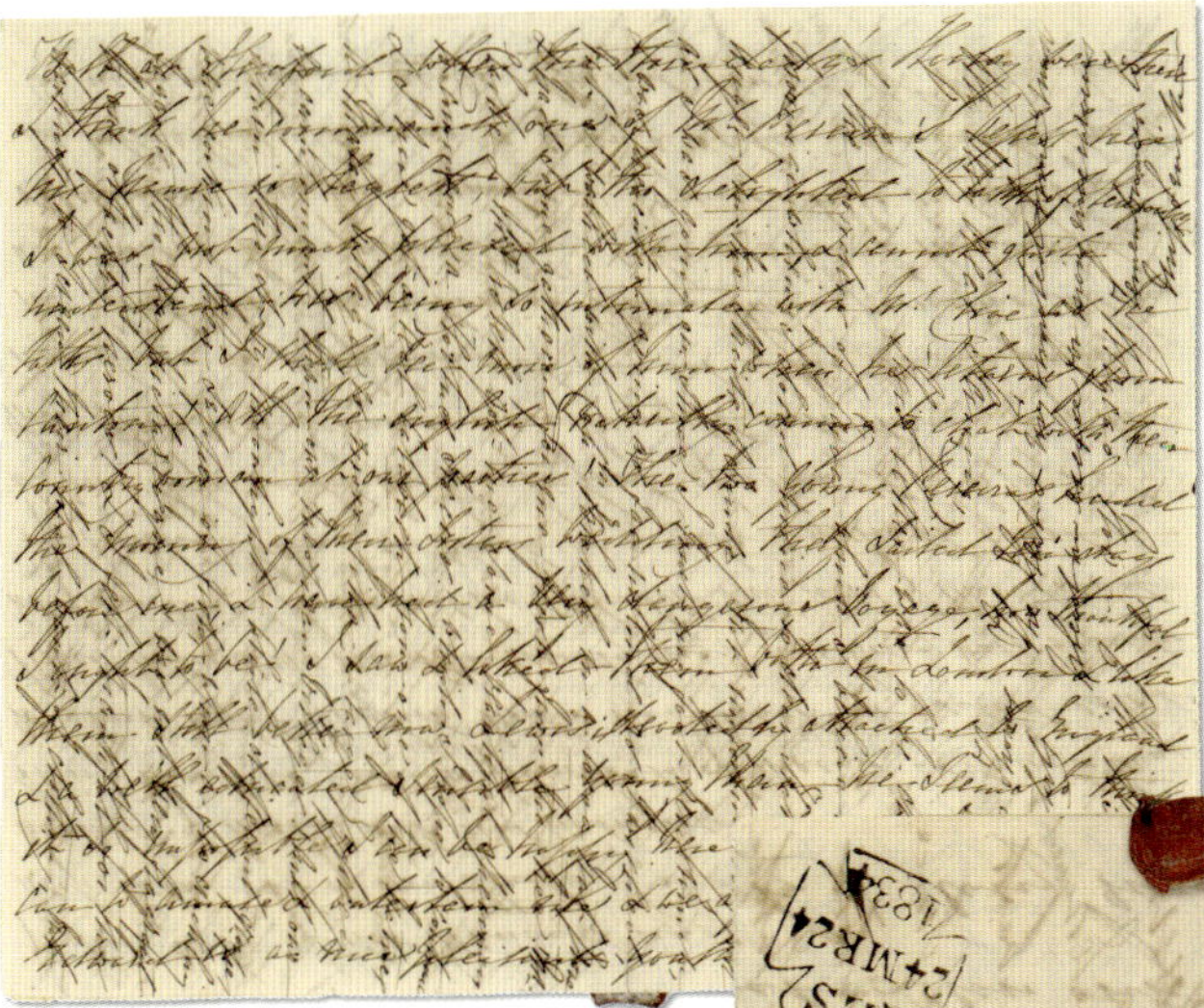
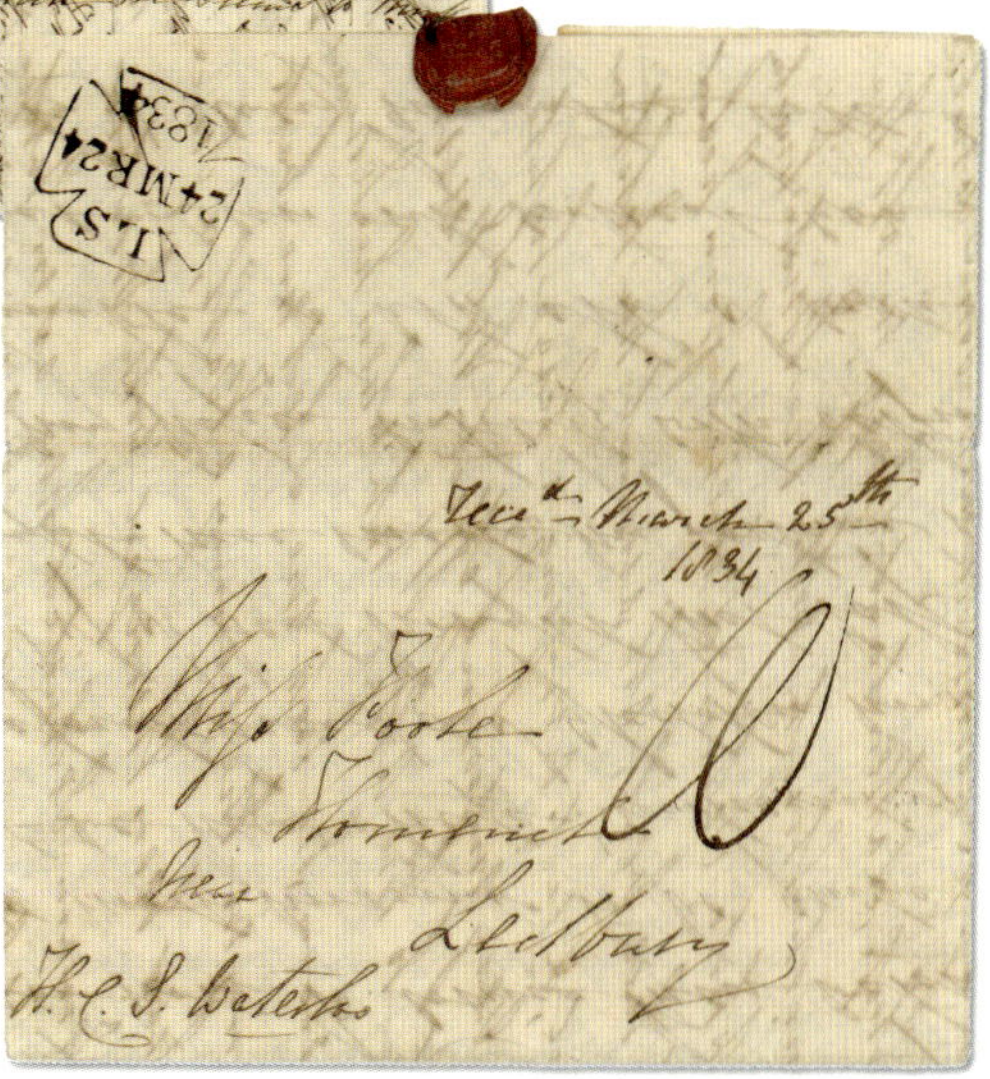

図3 クロス・ライティングの郵便物の実例。1834年、マカオ在住の英国人女性が差し出したもの。当時、清朝との貿易は廣州1港に限定されていたが、廣州には外国人女性の居住は許されておらず、商人の妻子はポルトガル領マカオで生活していた。この郵便物はマカオから英国までは幸便に託され、ロンドンからイングランド西部、ヘレフォードシャー州レッドベリーまでは官営郵便で運ばれた。

その一例として、たとえば、古い新聞の余白に手紙を書いて無料の新聞郵便として差し出すことなどは、当たり前のように行われていました。

また、料金が受取人払いになっていることを利用して、届けられた手紙を開封せずに配達人に返し、料金の支払を免れることも横行しています。

中学校や高校の英語の教科書で、「封筒をかざして丸い紙が入っているのがわかれば息子が元気な証拠だから、手紙を受け取る必要はない」と言った老女のエピソード（物語の細部にはさまざまなヴァリエーションがあるようですが）を読んだ記憶があるという方も多いのではないかと思います。

また、不正ではありませんが、当時の郵便料金は便箋の枚数に応じて設定されていましたので、少しでも便箋の枚数を減らそうと、用紙にメッセージを書いた後、それを90度回転させて、その上からメッセージを重ねて書く〝クロス・ライティング〟も行われています。（図3）

図5 英領ケイマン諸島が1932年に発行した植民地議会100周年の記念切手には、議会開設時の王・ウィリアム4世（左）と切手発行時の王・ジョージ5世（右）の肖像が並べて描かれている。

図4 ロバート・ウォレス

図6 戴冠式のヴィクトリア女王（当時18歳）を描いたジョージ・ハイターの肖像画

このほかにも、郵便馬車の供給独占によるコストの高止まりや、郵便船のずさんな管理といったマネージメント上の問題なども加わり、１８３０年代になると、英国の官営郵便事業は危機的な状況に陥っていたのです。

郵便改革の具体的な第一歩は、ウィリアム4世統治下の１８３３年8月、庶民院の新人議員、ロバート・ウォレス（図4）が郵便制度改革の必要性を議会で訴えたことから始まります。

ウォレスの提案を受けて１８３５年、ダンキャノン卿を長とする〝郵政省に関する管理運営調査委員会〟が院内に設置され、郵便馬車の供給契約を公開入札にさせるなど、一定の改革が行われました。また、彼の努力により、ウィリアム4世（図5）からヴィクトリア女王（図6）への代替わりがあった１８３７年までに１００以上もあった郵便関係の法律が5本に整理され、郵便改革に対する国民の関心も急速に高まっていきます。

シャロン・ヘッド

ペニー・ブラックは、1837年11月９日、ヴィクトリア女王のロンドン市庁舎行幸を記念してつくられた“ワイオンのメダル”の肖像が元になっていますが、おなじく1837年の彼女を取り上げた肖像の切手としては、いわゆる“シャロン・ヘッド”があります。

切手の元になった肖像画は、1837年７月、英国議会の開会を宣言するために女王として初めて公の場に姿を現したヴィクトリアを描いたもので、スイスのジュネーヴ出身の肖像画家、アルフレッド・エドワード・シャロンが女王本人からの依頼を受けて制作しました。女王は完成した肖像画を、母親のマリー・ルイーゼ・ヴィクトリア・フォン・ザクセン＝コーブルク＝ザールフェルト（国王ジョージ３世の４男、ケント公エドワード・オーガスタスの妻）にプレゼントするつもりだったそうです。

シャロンの肖像画は、1838年6月28日、ロイヤル・アカデミーの彫刻家、サミュエル・カズンズによって銅版画として刊行され、“女王即位の肖像”として広く知られるようになりました。

この肖像を採用した最初の切手は、1851年４月９日に英領カナダ連合で発行された緑色の７ 1／2ペンスおよび黒色の12ペンス切手で、印刷はニューヨークで行われました。その後、シャロンの肖像画をもとにした切手は、1853年にはノヴァ・スコティア（カナダ東部の州）で、1855年にはニュージーランドとタスマニア（オーストリア南部の州）で、1859年にはバハマ（カリブ海）とナタール（現南アフリカ共和国北西部の州）で、1860年にはニューブランズウィック（カナダ東部の州）とクイーンズランド（オーストラリア北東部の州）、グレナダ（カリブ海）で、そして、1870年にはプリンス・エドワード島（カナダ東海岸の島）でも発行されています。

もともとのシャロンの肖像画は女王の全身像を描いたものでしたが、切手では小さな印面に収まるよう、顔の部分を中心にトリミングされています。切手のデザインが“シャロン・ヘッド”と呼ばれているのはこのためです。

多くの植民地では、切手のデザインは女王のネックレスから上の部分を中心に図案が構成されていますが（図１）、ネックレスよりも上の部分だけのデザインのもの（図２）や、ニュージーランドのように胸から上の部分を大きくデザインしたもの（図３）もあります。

図1 ネックレスが見えるナタールの切手

図2 首から上だけのバハマの切手

図3 上半身を大きく描いたニュージーランドの切手

ローランド・ヒルの登場

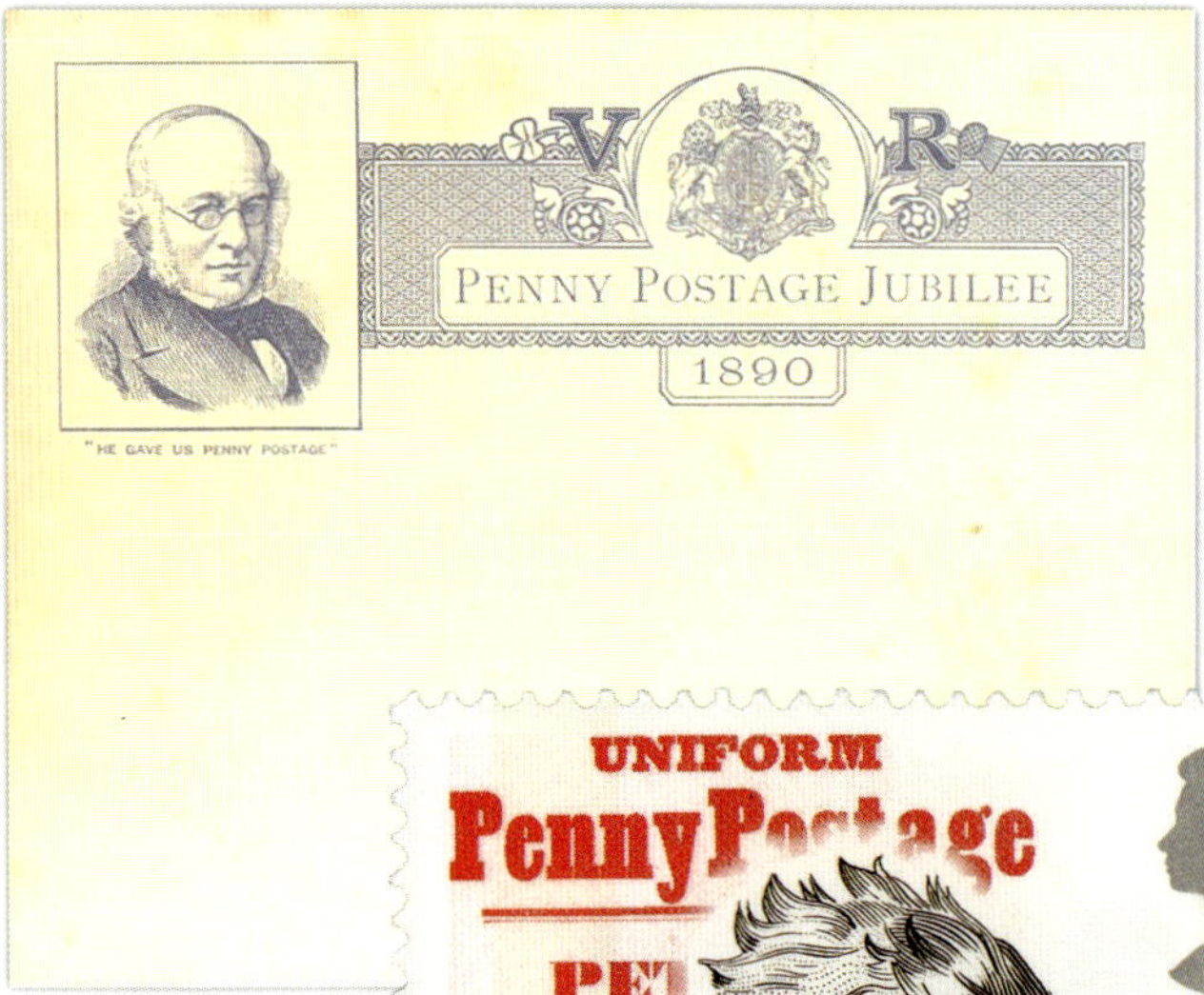

図2 ヒル晩年の肖像を取り上げた1890年の切手50周年の記念カード

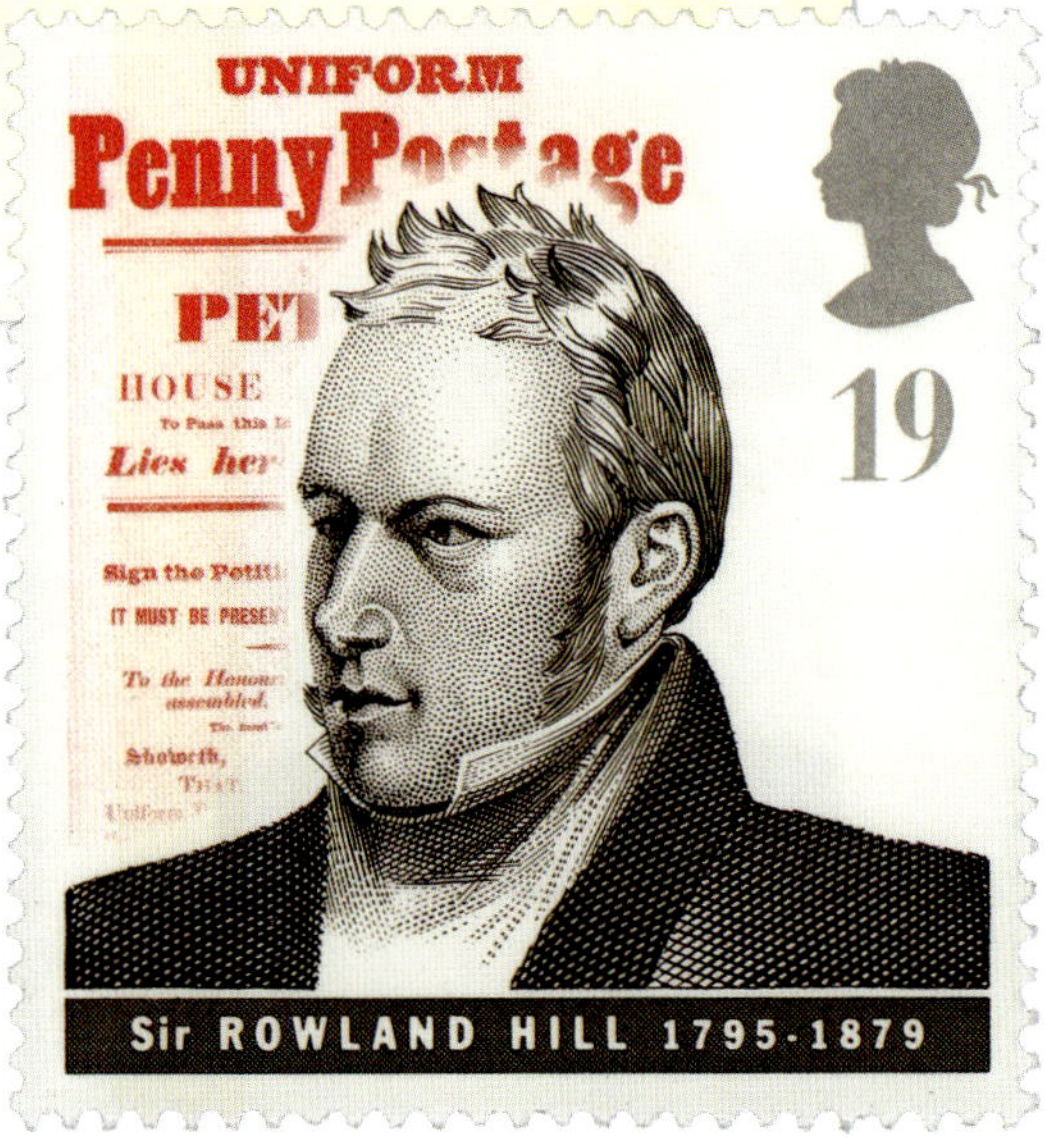

図1 若き日のヒルの肖像を取り上げた1995年の切手

こうした時代背景の下でいよいよ、〝近代郵便の父〟ローランド・ヒルが登場します。（図1・2・3）

ヒルは1795年、イングランド・ウスターシャー州のキダーミンスター生まれ。父親のトマスは社会主義の原型ともいうべき社会改良主義者（ちなみに、マルクスとエンゲルスの『共産党宣言』が出版されたのは、およそ半世紀のちの1848年のことでした。図4）で、特に教育改革に興味を持っており、1803年、バーミンガム郊外の廃校を買い上げてヒル・トップ・スクールを開校しました。同校は、それまでにはなかった自由な校風が評判となり、新しい時代を象徴するモデル校と称賛されました。理数系の分野に秀でていたローランドは、12歳の頃から、父親の経営する学校で学びながら、下級生の授業を担当しています。

ヒル・トップ・スクールの成功に気をよくした一家は、1819年、バーミンガム郊外にヘイゼルウッド・スク

図3 ローランド・ヒルの肖像を取り上げた世界最初の切手は、1938年10月22日、ブラジル国際切手展を記念して発行された。

ールを開校。その運営はローランドを含むヒル3兄弟が中心になっていましたが、当時23歳になっていたローランドは、同校の建築デザインを担当しただけでなく、事実上の責任者として、当時としては珍しかった少人数クラス制を取り入れるなど、革新的な教育を実践しました。そして、その成果を盛り込んだ教育改革案を１８２２年に発表し、いちやく、教育者・教育改革者として広く知られる存在となります。

勢いに乗る3兄弟は、１８２７年、ロンドンに進出し、3校目の学校を北ロンドンのトテナムのブルース・カッスルに開校。ローランドは正式に校長に就任し、キャロライン・ピアソンと結婚するなど、生活も安定し始めました。ところが、良くも悪くも進取の気性に富みすぎていたローランドは、ほどなくして、ブルース・カッスルの校長職を弟に譲り、発明と社会改革の提案に熱中するようになります。

教育者だったローランドは、バーミ

図4 ソ連が発行した『共産党宣言』100周年の記念切手

ンガム時代、文字の読める者が、ロンドンで発行された数日遅れの新聞を大声で読み上げて、人々にその内容を知らせるという光景を日常的に目にして、どんな立派な改革や制度であっても、それを庶民が容易に知ることができなければ意味がないと考えるようになり、情報と通信の分野での革新を目指そうとしたのです。

当時、彼が特許を取得しようとしたアイディアとしては、たとえば、新聞印刷のための輪転機の原型、モールス信号の原型、道路舗装の原型、郵便物をより早く届けるため、郵便物を弾薬やテューブを使って飛ばす仕組等がありますが、いずれも日の目を見ませんでした。

ところで、1831年、南オーストラリア会社が設立され、入植希望者への土地の売却が開始されます。こうして、従来の流刑植民地とは異なる、自由植民地（自由意思による移民によって建設された植民地）としての南オーストラリア州が建設されることになりました。

この機会をとらえ、1832年、ヒルは貧困を解消し、犯罪を減少させるためには、英国内の人口の過密を緩和することが必要で、そのためには、オランダに倣った海外移民政策をすべきと提案します。これが、南オーストラリアでの植民地建設の推進役となっていたエドワード・ウェイクフィールドの目に留まり、1833年、ヒルは南オーストラリア植民地化委員会のメンバーに抜擢されました。同委員会での活動は1839年まで続き、1836年末以降の州都アデレードの建設という形で実を結ぶことになります。

こうした活動と並行して、1832年、ヒルは自然科学や時事を扱う教養読み物を掲載した週刊誌『ペニー・マガジン』（定価が1冊1ペニーだったことが誌名の由来です）を創刊。同誌は最大で年間20万部を売り上げるほどになり、その後13年間にわたって発行が続きました。

『郵便制度の改革―その重要性と実行可能性』

図1 全国統一ペニー・ポストの実施に関する公聴会の案内ポスター

南オーストラリア植民地化委員会の仕事を通じて、英国政府とのコネクションができたヒルは、過去の経験もあって郵便改革にも強い関心を示し、改革の推進役であったウォレスの知遇を得て、1836年、郵便改革に関する膨大な資料を入手しました。

それらを子細に検討した結果を踏まえ、1837年1月4日、ヒルは『郵便制度の改革―その重要性と実行可能性』と題するパンフレット（の初版）を刊行。郵便料金が高いため、人口の増加や産業の発展の度合いに比べて郵便の利用が増えない現状を指摘した上で、次のような提案を行いました。

①郵便料金を大幅に引き下げ、書状の基本料金を1ペニーとする。（料金引き下げにより需要を拡大し、増収を図る）

②距離別の郵便料金制度をやめ、全国均一料金とする。（郵便事業のコストは輸送コストではなく、人件費などの固定費によるものであるから、需要を拡大し、鉄道による大量輸送を行えば、長距離の輸送コストも軽減可能）

③手紙の用紙の枚数ではなく、重量別の料金体系を導入する。（枚数確認のコストを削減）

④郵便料金は、受取人ではなく、差出人が支払う前納制とする。（郵便配達時の料金徴収コストを省くとともに、受け取り拒否による料金の未収を防ぐ）

これらのうち、最後の提案が最終的にペニー・ブラックの発行につながるのですが、当初、ヒルは料金の前納方法として、①料金支払済の印を郵便局の窓口で

図2 全国統一ペニー・ポストで送られた郵便物の実例。1840年4月、イングランド南部イースト・サセックスのバトルから同中部ウェスト・ミッドランズのストールブリッジ宛に差し出されたもので、料金支払い済を示す"PAID"の文字の入った印と、1ペニーの郵便料金を示す"P 1"の文字が赤で大きく書き込まれている。

押す、②郵便料金込みのレターシート(便箋を折り曲げて封筒状にできるようにしたもの)を発売する、③裏にノリを引いた証紙を発売する、という3種類の方法を考えていたようです。

ヒルの提案は、商工業者や一般大衆をはじめ、有力紙『タイムズ』でも支持されました。その結果、1837年11月から、庶民院に「郵便料金に関する特別委員会」が設けられ、各地での公聴会(図1)と議会での審議を経て、1839年8月、ヒルの提案を盛り込んだ全国統一ペニー・ポスト料金法が公布されます。

こうして、1840年1月10日から、2分の1オンス以下の書状基本料金を原則として全国一律1ペニーとする、全国統一ペニー・ポスト(Uniform Penny Post 図2)がスタートしました。

ただし、この時点では、まだ切手は登場していませんから、利用者は手紙を郵便局に持ち込んで料金支払済の印を押してもらうという方式が取られていました。

全国統一ペニー・ポストが実施されると、料金値下げの効果から、郵便物の取扱量は前年の倍の1億7000万通にまで急増しました。その中には、穀物の輸入自由化を要求する商工業者が結成した〝反穀物法同盟〟が政府や政治家に対して組織的な文書攻勢を展開したことや、ヴァレンタイン・デーのラヴ・レターなどの利用が大幅に増加したことなども要因として含まれています。

ただし、全国統一ペニー・ポストの導入により、郵便事業の利益は1839年の163万ポンドから50万ポンドにまで激減し、単純に需要の拡大が収益の増加をもたらすということにはなりませんでした。それでも、郵便が社会的な通信インフラとして定着するうえで、全国統一ペニー・ポストは絶大な威力を発揮し、社会改革という点では絶大な効果を上げたことは多いに評価されてしかるべきでしょう。

州ごとに異なる切手が発行されていたオーストラリア

ローランド・ヒルも移民政策に関わっていたオーストラリアでは、1901年1月1日にオーストラリア連邦が成立する以前、地域ごとに植民地の自治政府が存在し、個別に切手を発行していました。

このうち、最初の切手はニュー・サウス・ウェールズが1850年に発行した“シドニー・ヴュー”と呼ばれる１ペニー切手です。

ニュー・サウス・ウェールズは、オーストラリアの中でもヨーロッパ人が最初に入植した土地で、はやくも1803年にはシドニー＝パラマタ間の郵便サービスが開始されました。当時の郵便料金は２ペンスです。1838年、当時の郵便局長ジェイムズ・レイモンドは郵便料金前納の印面がついた封筒を発行しました。この封筒が上手くいけば、1841年にはニュー・サウス・ウェールズでも本国並みの近代郵便制度が導入される計画でしたが、残念ながら封筒は不評で、本格的な切手の発行は見送られます。

図1 1850年にニュー・サウス・ウェールズ植民地で発行されたシドニー・ヴュー

その後、1842年にはメルボルン＝シドニー間を蒸気船で結ぶ定期便がスタートし、1844年には英本国からの郵便船も到着するようになりました。“シドニー・ヴュー”（図１）は、こうした前史をふまえ、1850年1月1日に発行されたものです。

切手は現地製で、入植者のシドニー港への上陸風景を描くもので、無味乾燥な紋章や肖像図案が主流だった時代にあっては異彩を放っています。ただし、１年後の1851年にはヴィクトリア女王の肖像を描く切手が発行されたため、この魅力的な切手は短命に終わってしまいました。

ニュー・サウス・ウェールズに続き、1850年にはヴィクトリアが、1853年にはタスマニアが、1854年には西オーストラリアが、1855年には南オーストラリアが、そして1860年にはクイーンズランドが、それぞれ最初の切手を発行し、各植民地の切手が出そろいます。

図2 1902年にヴィクトリア州で発行された切手。国王の肖像が1901年１月22日に即位したエドワード７世なので、連邦成立後の発行であることが一目瞭然。

1901年1月1日に連邦が発足すると、各自治政府は連邦の州となり、「郵便・電信・電話その他これに類する事業」は連邦政府が行うとの憲法の規定に従い、同年３月1日には、連邦郵政省が設立されました。しかし、実際には、その後も各州独自の切手発行は続けられ（図２）、郵便料金も州ごとに異なっていました。

このため、1911年5月1日、連邦政府は“大英帝国”の一部として英本国と同様の郵便料金体系を連邦全土に統一的に導入するとともに、連邦統一の切手を発行すべく、デザインの公募を行っています。

その結果、1000点を超える応募作品の中から、オーストラリア地図を背景にカンガルーを描くデザインが採用され、ようやく、1913年1月2日、オーストラリア連邦として最初の切手（図３）が発行されました。

図3 カンガルーと地図を描くオーストラリア連邦としての最初の切手

図1 マルレディ・カバー

図2 アイルランドが発行したマルレディ生誕200年の記念切手には、彼の肖像とマルレディ・カバーの制作時の様子（イメージ図）が取り上げられている。

マルレディ・カバー

さて、全国統一ペニー・ポスト料金法の公布を受けて、国家財政委員会は1839年8月23日付で郵便料金の前納方法についてのアイディアを公募します。

前納方法の条件としては、作品は簡便なもので、偽造および再使用の防止、コストが高額にならないこと等が挙げられており、1等賞金の200ポンド（次席は100ポンド）は、当時の労働者の年収の3～4倍にあたる大金がかけられていました。

このため、英国内はもとより、フランスやベルギーからの分も含めて、2600点の応募がありましたが、1等は該当作なしという結果になり、次席として4作品（具体的な受賞者名、①

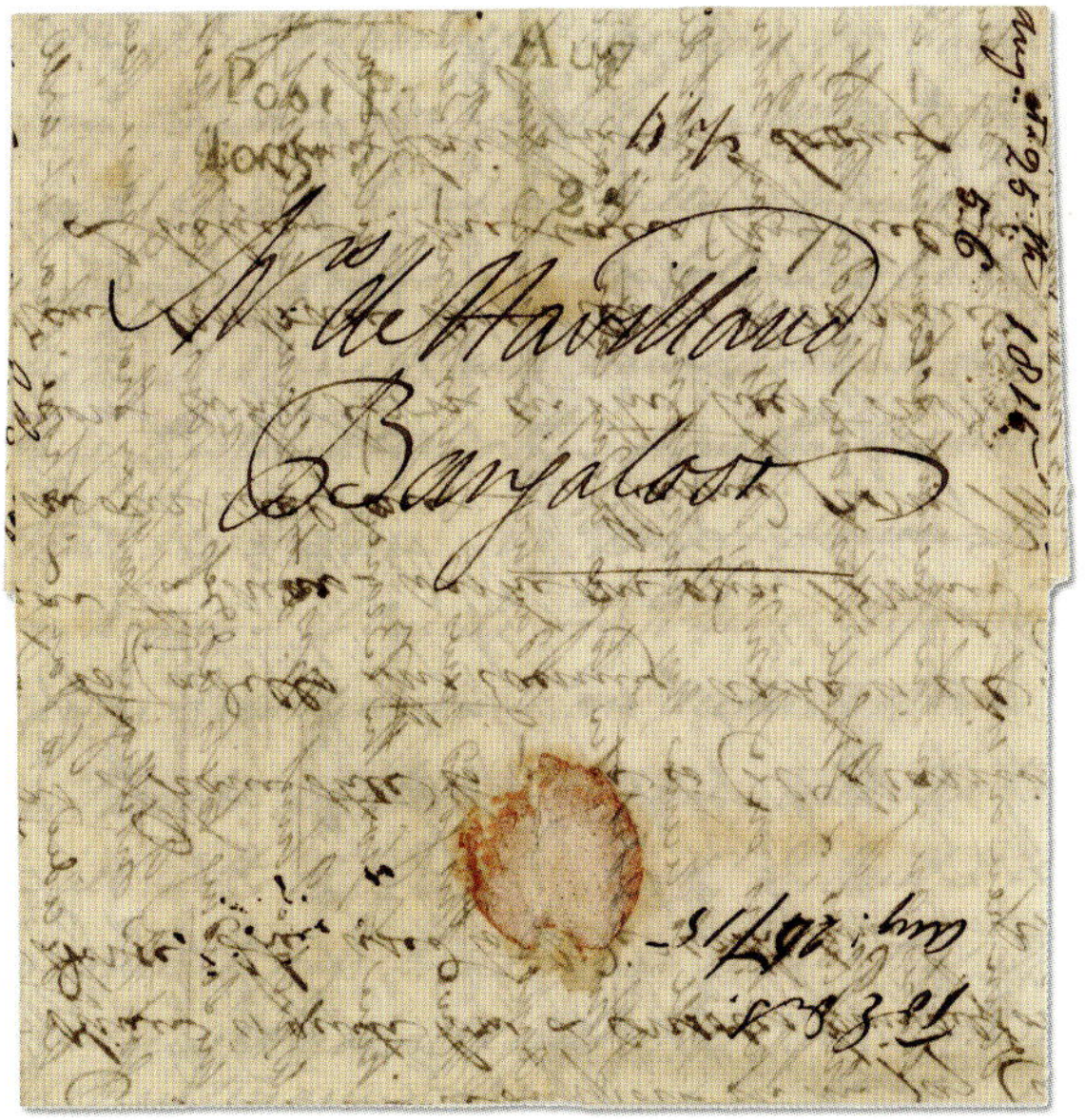

図3 1840年以前にインドで英国人が行っていた郵便の実例。1815年8月25日、南インド・マドラス(現チェンナイ)のフォート・セント・ジョージからバンガロールまで、英国東インド会社によって逓送された郵便物。1773年に英国の初代インド総督に着任したウォーレン・ヘイスティングスは、1774年、100マイルごとに2アンナを支払えば、誰でも東インド会社の郵便サーヴィスを利用できるよう、制度改革を行った。この郵便物はその制度によるもの。

図4 おなじく、中国で英国人が行っていた郵便のうち、1835年、廣州からマカオ宛の郵便物。清朝との貿易の拡大に伴い、英国は1834年、 廣州とマカオに収信所(郵便取扱所)を開設した。この郵便物は、廣州からマカオ宛に差し出されたもので、到着地のマカオで料金を徴収したことを示す印が押されている。

ジェイムズ・ボガディスとフランシス・コフィンの共作、②チャールズ・フェントン・ホワイティング、③ヘンリー・コール、④ベンジャミン・シェパートン)が選ばれ、それぞれ100ポンドを獲得しています。

応募作品の大半は、レターシート形式のもので、切手の原型となるようなものは49点でしたが、大蔵省としては、レターシートと切手を採用することとしてマルレディ・カバー(図1)の準備を始めます。

レターシートをデザインしたウィリアム・マルレディ(図2)は、1786年、アイルランドの貧しい家庭に生まれました。12歳から絵を描き始め、14歳で王立美術院(ロイヤル・アカデミー)に入学。田園に取材した作品を数多く残し、風景画家として画壇で確固たる地位を築き、アカデミーの会員になりました。油彩のみならず、銅版画やレタリングの技術にも習熟しており、たとえば、1807年に出版されたウィリ

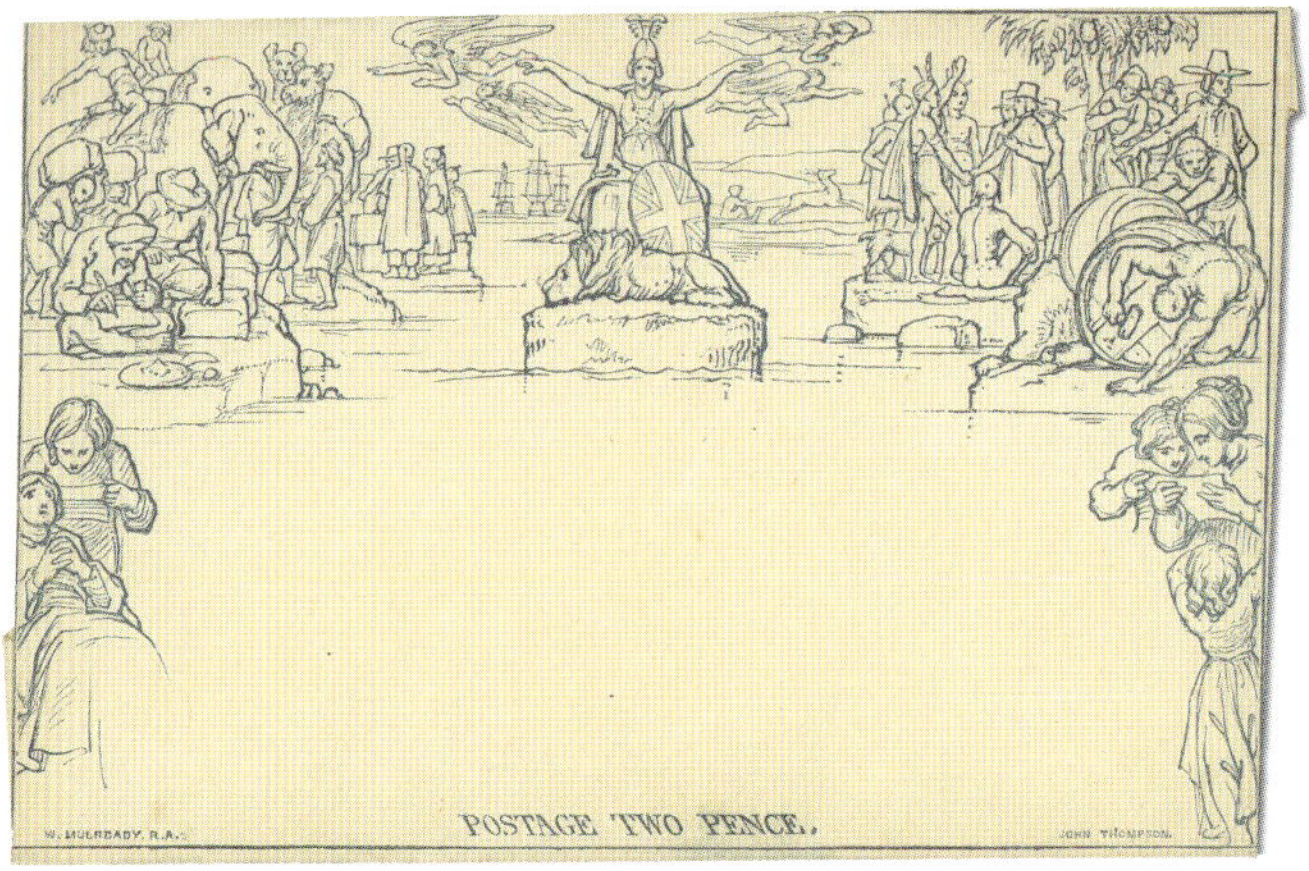

図6 2ペンス料金の青色のマルレディ・カバー

図5 生誕200年にあたる1989年のアイルランド切手に採り上げられた『ソネット』

アム・ロスコーの『ちょうちょうの舞踏会とバッタの宴会（The Butterfly's Ball and the Grasshopper's Feast）』には、若き日のマルレディの手になる挿絵が13枚収められています。同書の挿絵は、当時、大いに評判となり、1807年1年間で4万部を売るベストセラーとなりました。

　こうしたキャリアが見込まれて、マルレディは新たに発足する全国統一ペニー・ポストのための封筒のデザインの制作を依頼されたのです。

　さて、マルレディのイラストは、大英帝国を示す女神ブリタニアが獅子の上に鎮座し、インド（象に跨る人物。図3は1840年以前にインドで英国人が行っていた郵便の実例。）、中東（ラクダとターバンらしき被り物の人物）、中国（辮髪《べんぱつ》の中国人。図4は中国で英国人が行っていた郵便のうち、1835年、廣州からマカオ宛の郵便物。）、北米（帽子をかぶった西洋人と交渉する先住民）など、1840年までに英国が進出していった地域の風俗を描くことで、世界に冠たる大英帝国というモチーフが表現されています。

　また、手紙を読む人々の姿は、郵便が国民の国語能力を向上させる上で大いに有用である、という意味も込められていました。

　ちなみに、マルレディの代表作の一つとされる『ソネット』（図5）は、若い男が恋人に思いを告げる詩（画題の〝ソネット〟は14行で構成されるヨーロッパの詩のスタイルです）を贈り、その反応を待っている場面を描いた作品ですが、贈られた詩を読む彼女の顔の雰囲気はマルレディ・カバーの右下の母親に、姿勢は左下の女性に似ているようにも思われます。

さて、マルレディ・カバーは、マルレディの原画をもとに、ジョン・トンプソンが原版を彫刻し、1840年4月14日以降、クロウエス父子会社が印刷しました。なお、初日の印刷作業には、ローランド・ヒルの兄、エドウィン・ヒルが立ち会い、機械の不具合が生じないよう、工場内を見回っていたそうです。

英国に限らず、当時は、紙は高価なものでしたから、便箋を省略できるという利点の故に、ヒルと大蔵省はこのマルレディ・カバーが利用者から好評のうちに迎えられると考えていたようです。

マルレディ・カバーには1／2オンスまでの基本重量用の1ペニーのもの（黒色）と2倍重量用の2ペンスのもの（青色、図6）の2種類があり、菱形の用紙の中央部分にイラストを印刷し、折りたたんで〝封筒〟の状態にして中に便箋などを入れられるようにしたものと、長方形の大型の用紙の中央にイラストを印刷し、レターシートとして使うものの2タイプが作られました。（図7）

ところが、実際には、マルレディ・カバーのデザインは「詩的にすぎる」と不人気で、しかも、カバーの代金としては郵便料金に封筒代が上乗せされていたため、利用者の割高感も強く、売れ行きは芳しくありませんでした。

たとえば、当時、マルレディ・カバーを題材に作られた詩には、左のようなものがあります。

A set of those odd-looking envelope-things,
あのへんちくりんなデザインの封筒に描かれているものといえば
Where Britannia who seems to be crucified flings
まるで磔にされているみたいな女神ブリタニアの
To her right and her left, funny people with wings
左右に、翼のついたおかしなやつらがいて、
Amongst elephants, Quakers, and Catabaw kings,—
象の周りにはクエーカー教徒と先住民カタボー族の酋長がいる
And a taper and wax, and small Queen’s-heads in packs,
蝋燭と封蝋で、小さな女王陛下のお顔を封に入れて
Which, when notes are too big you must stick on their backs
手紙の文章多すぎたなら、裏側に貼りつけなくちゃいけない

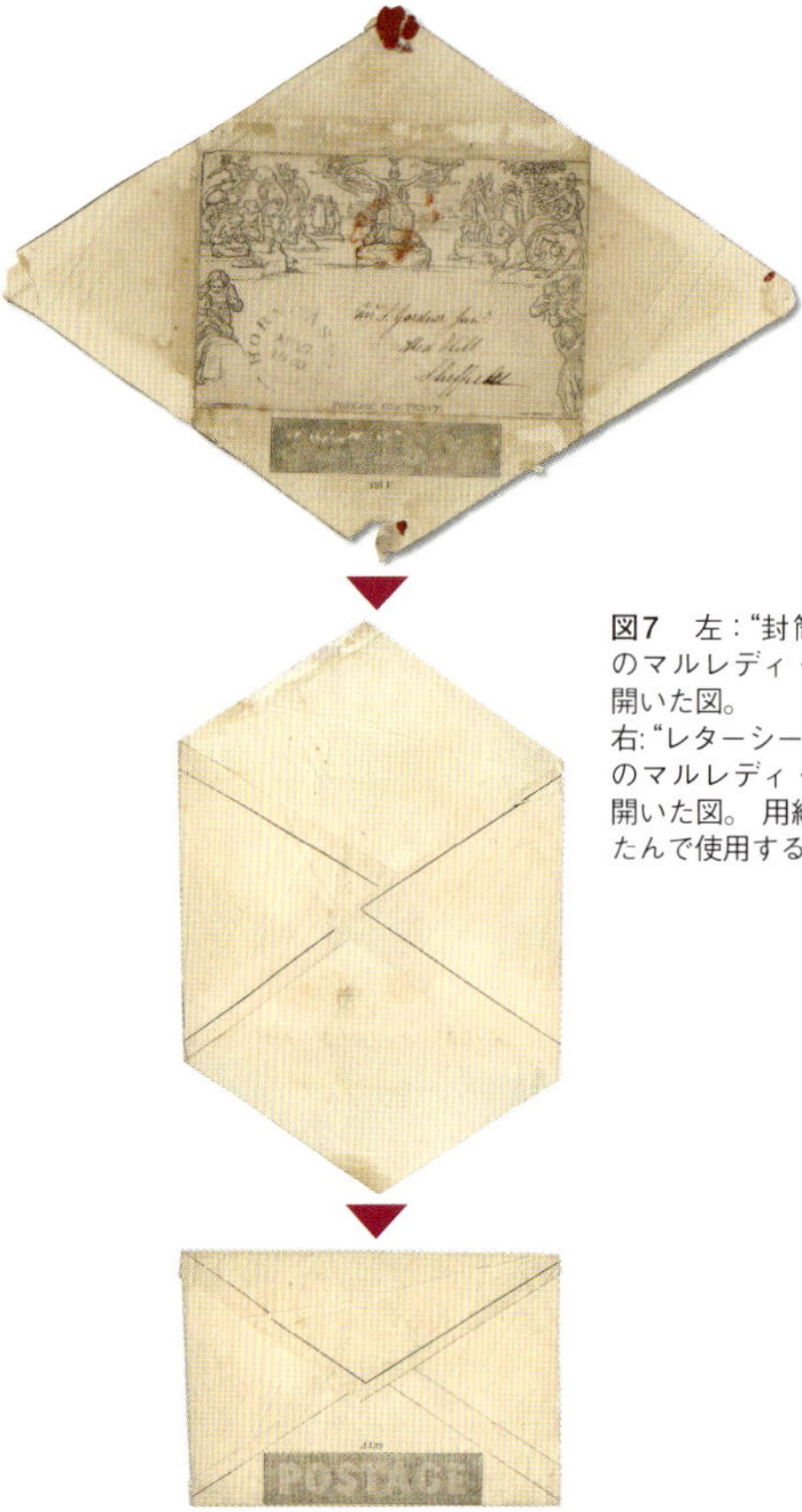

図7　左："封筒"タイプのマルレディ・カバーを開いた図。
右："レターシート"タイプのマルレディ・カバーを開いた図。用紙を折りたたんで使用する。

ちなみにこの詩で歌われているクエーカー教徒（正式名称はキリスト友会もしくはフレンド派）というのは、17世紀にイングランドで生まれたプロテスタントの一派で、教会の制度化・儀式化に反対し、人は神からの啓示を直接に受け得ると説き、米国ペンシルヴァニア州の名前の由来となったウィリアム・ペンの活動により、北米にも拡大しました。マルレディ・カバーの右半部に描かれているような帽子をかぶっているのが特徴で、絶対平和主義を唱えて兵役なども拒否する者が多かったことに加え、内なる光（聖霊）の語りかけに耳を傾けていると体が震え出すというのが他の宗派からは奇行に見えたこと、さらに、儀式や教義を否定することなどから、異端に近い存在として、ながらく迫害を受けていました。

　したがって、イラストを描いたマルレディ本人が熱心なカトリックの信徒だったこととあわせて考えても、マルレディがクエーカー教徒を封筒に描い

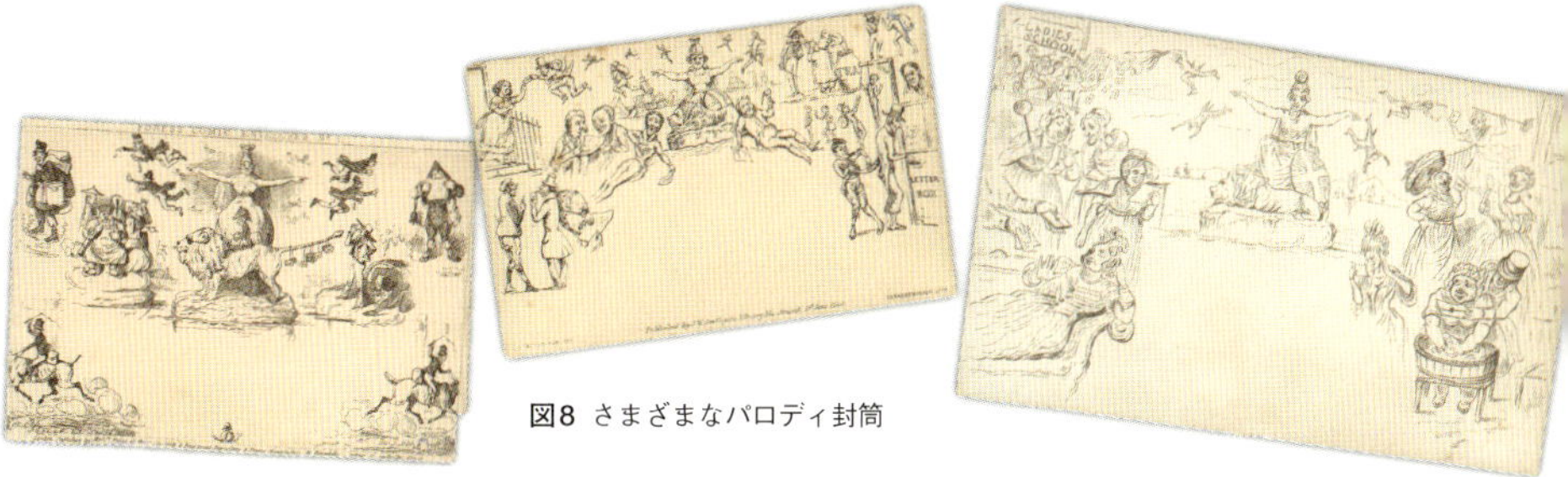

図8　さまざまなパロディ封筒

図9　マルレディ・カバーを模して作られたパロディ封筒。辮髪姿の中国人に追い立てられるアヘン商人の姿が描かれている。

たとは考えにくいのですが、クエーカー教徒のように見える人物が描かれていたということは、それ自体、当時の英国社会では揶揄《やゆ》の対象となったわけです。

　また、マルレディ・カバーの評判が散々なものであったことは、かえって、皮肉屋の英国人たちのインスピレーションを掻き立てることになり、このカバーを模したさまざまなパロディ封筒が作られ（図8）、郵便に使用されることになりました。

　図9もその一例で、1840年当時の重大事件であったアヘン戦争が取り上げられています。

　すなわち、封筒の左側には、辮髪《べんぱつ》の中国人に追い立てられるアヘン商人（図10）の姿が戯画化されて描かれており、封筒中央の女神ブリタニアは不機嫌そうな顔でその上に君臨しています。悪役の中国人と哀れなアヘン商人という構図が判りやすく表現されたイラストです。

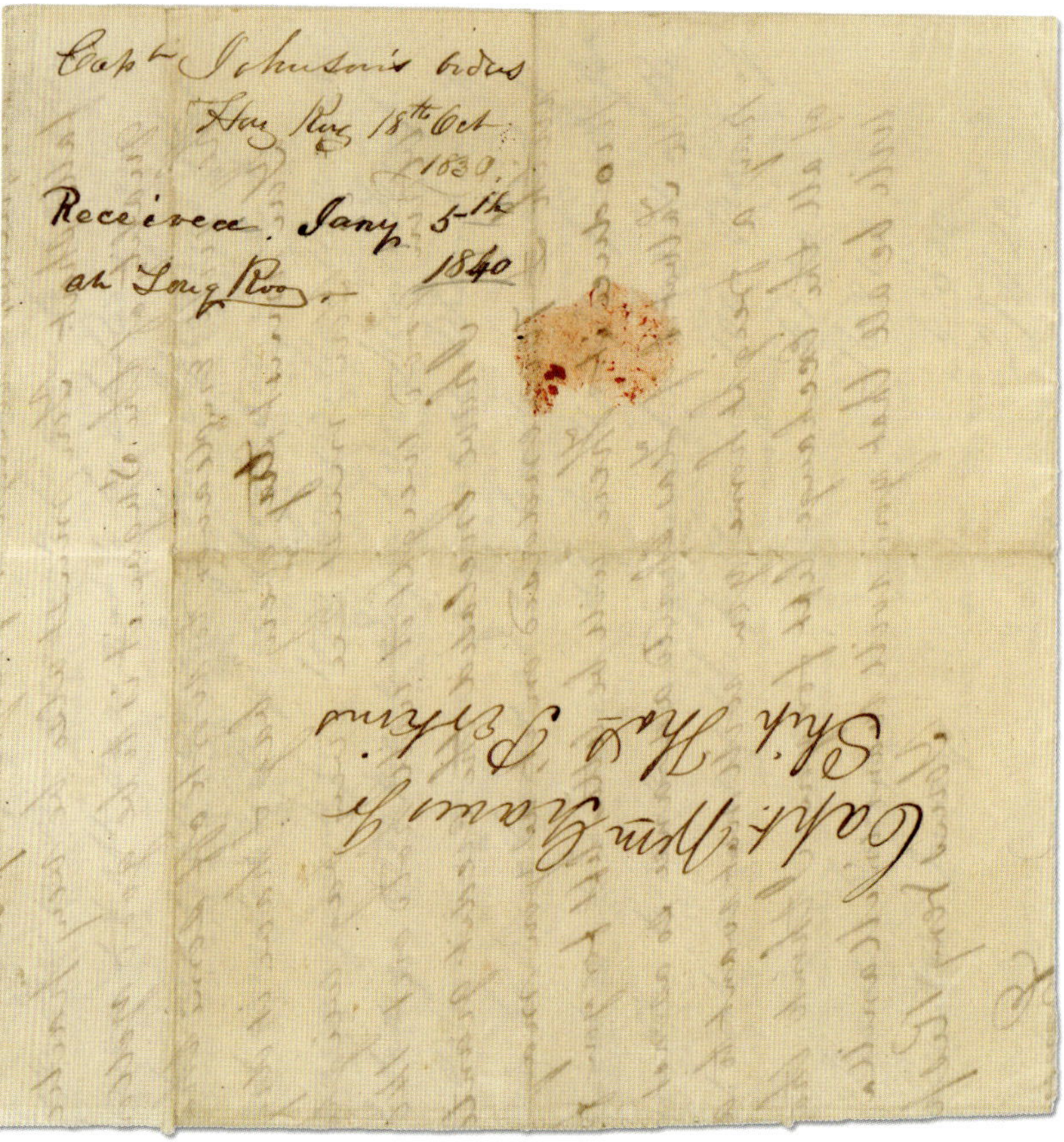

図9 アヘン戦争開戦直前の1839年10月18日、香港沖で船上生活を送っていた英国人が、ボストンの貿易商、トーマス・パーキンス社の船に託して差し出した商用の手紙。
1839年3月、廣州に赴任した林則徐は、アヘンの密貿易取り締まりのため、貿易を停止して武力で商館を閉鎖。英国人がマカオに退避するも、アヘンの破棄に応じなかったため、彼らをマカオからも退去させた。
この結果、英国人50家族余が香港沖での船上生活を余儀なくされ、英清関係は一挙に緊張。こうした中で、1839年7月、泥酔した英国人水夫による中国人撲殺事件を機に、両国間の"アヘン戦争"に発展した。この間、1834年に開設された廣州とマカオの収信所は閉鎖され、船上の英国人たちは近くを通過する米国船（彼らはアヘンを持ち込まない旨の誓約書を提出し、貿易を続けていた）に託して、手紙や品物のやり取りを行った。
この手紙もその一例で、廣州のジャーディン・マセソン商会との商品の決済を代行するよう、トーマス・パーキンス社の船の船長に依頼したもので、裏側には1840年1月5日に手紙を受け取ったとの書き込みがある。

なお、民間で作られたパロディ封筒は、マルレディ・カバーとは異なり、それ自体には郵便料金は含まれていませんから、郵便に使用するためには、別途、料金を納入する必要でした。この封筒の場合には、中央に大書されている1の文字が、料金1ペニー支払済であることを示しています。

パーキンス・ベーコン・ペッチ社

図1　チャールズ・ホワイティングが提案した“切手”の試作品

一方、マルレディ・カバーと併行して、郵便料金の前納を示す証紙、すなわち切手の準備も進められました。

１８３９年10月に〆切られた料金前納方法のアイディア公募では、２６００点の応募のうち、49点が切手に相当する内容でしたが、そのうち、次席に選ばれたのがチャールズ・ホワイティングの作品群（図１）です。

ホワイティングは１００点にも及ぶ試作品を提出しましたが、その中には、彩紋彫刻機を用いた凸版２色刷のものも含まれていました。

彩紋彫刻機は、歯車を組み合わせて複雑な幾何学模様の原版彫刻を行う機械で、19世紀初頭に発明されました。切手のデザインとしては、１８４３年にブラジルで発行された〝牛の目〟の切手（図２）が、その特徴を活かした名品として有名です。

そのルーツについては、１８１０年にスイス生まれのヤーコブ・デーゲンが発明した〝guillochiermaschine〟とする説と、１８１２年に米国で特許を取得したエイサ・スペンサーの〝geometrical lathe〟とする説があります。両者の接点やその発明内容の異同については良くわかっていませんが、どちらももともとは時計職人で、時計の文字盤などに装飾模様を彫刻する〝ローズ・エンジン〟に改良を加えて紙幣の原版彫刻に応用し、偽造防止に役立てるという点では共通しています。

この発明に即座に目をつけたのが、ジェイコブ・パーキンスでした。

パーキンスは、１７６６年、北米マサテューセッツのニューベリーポート生まれ。10代の頃は鍛冶職人として修業を積んでいましたが、その腕を見込まれて21歳の時にマサテューセッツ造幣局に雇われ、コインの原版彫刻を担

図2 ブラジルの“牛の目”切手。額面数字の背景に使われている彩紋が牛の目のように見えることから、この呼び名がある。ブラジルでは、1842年には英国に倣った郵便料金前納制が布告され、これに対応すべく、パーキンス・ベーコン社のリオ代理店に切手の製造と印刷機材が発注された。この結果、ブラジル最初の切手のデザインは、パーキンス・ベーコン社のお家芸であった彩紋を中心としたデザインとなった。

当しました。

その後、爪切りから大砲の製造までさまざまな機械製作に携わっていましたが、凹版彫刻用の鋼材を開発したのを機に、彫刻家のギデオン・フェアマンと共に印刷所を創業し、1809年、学校の教科書の印刷を始めました。

フェアマンが原版を彫刻した挿絵の教科書は、当時としては画期的なもので大いに評判となったことから、パーキンスは印刷事業に本腰を入れるようになります。その一環として、パーキンスは、スペンサーから彩紋彫刻の特許を買い取っただけでなく、スペンサー本人を雇い入れて、彩紋彫刻を施した紙幣の製造に着手しました。

一方、当時の英国では偽造紙幣の横行が深刻な社会問題となっており、英国政府は、1819年、賞金2万ドルを掲げて〝偽造不可能な紙幣〟を公募します。

この機会をとらえて、パーキンス、フェアマン、スペンサーの3人は渡英し、ロンドンのオースティン・フライヤーに彫刻凹版印刷にも対応可能な印刷所、パーキンス・アンド・フェアマン社のオフィスを構え、王立協会会長のジョゼフ・バンクス卿をはじめ、関係各方面に自分たちの試作品（図3）を売り込み、高い評価を得ました。

ところが、パーキンスらの試作品は、品質面では文句なく他を圧倒していたにもかかわらず、ジョゼフ・バンクスは、〝偽造不可能な紙幣〟を作るのはイングランドの出身でなければならないと頑なに主張しており、そのままでは、〝外国人〟であるパーキンスらが紙幣製造を受注するのは困難でした。

そこで、パーキンスは、当時、英国を代表する凹版彫刻家であり、出版業者でもあったチャールズ・ヒースを共同経営者として迎え入れ、1819年12月、フリート・ストリートにパーキンス・フェアマン・アンド・ヒース社を開業しましたが、ほどなくしてフェアマンがパーキンスらと袂を分かった

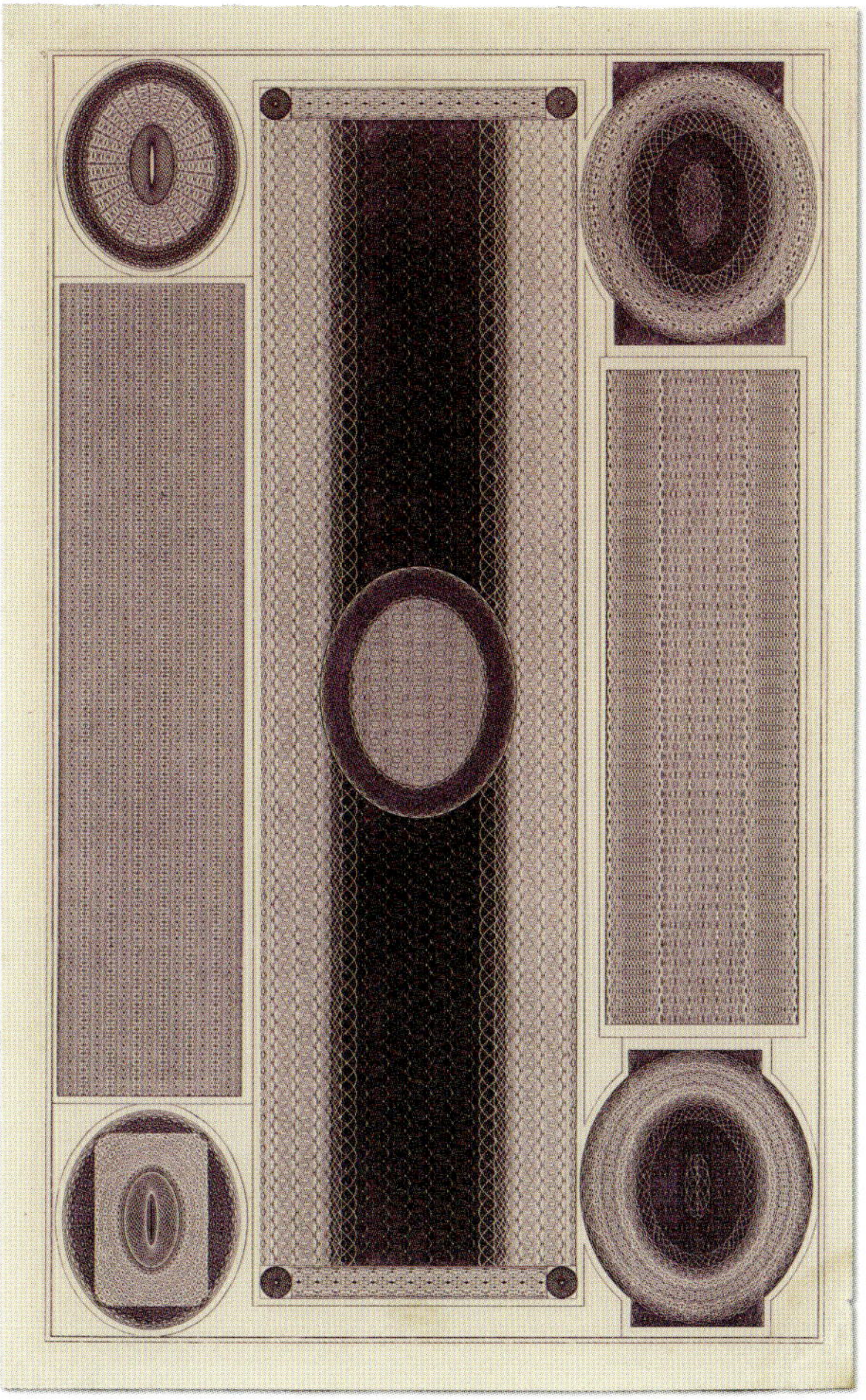

図3　パーキンスらが制作した英国紙幣用の製品見本の一種。

ため、パーキンス・アンド・ヒース社として〝偽造不可能な紙幣〟を製造しました。

ここに、1823年、彫刻家のヘンリー・ペッチが入社。さらに、1829年5月、パーキンスの二女と結婚したジョシュア・バタース・ベーコンが共同経営者となったことで、彼らの印刷所はパーキンス・ベーコン社に社名を変更。1834年にはペッチも共同経営者に名を連ねるようになったことで、後に、ペニー・ブラックの印刷を請け負うことになる〝パーキンス・ベーコン・アンド・ペッチ社〟が誕生しました。

1839年10月に〆切られた公募で次席に選ばれたチャールズ・ホワイティングの作品は、おそらく、パーキンス・ベーコン・アンド・ペッチ社で製造することを想定したものだったと推測されますが、いかんせん、2色刷というのがコスト的なネックとなり、そのまま採用とはなりませんでした。

図1 ローランド・ヒルが作成した切手のラフデザイン

女王の肖像を図案として採用

公募で寄せられた作品が、どれもそのままでは〝切手〟として実用化するには欠点があったため、ヒルは自ら切手の体裁について想を練ることにしました。その結果、①英国を象徴するもの、②国民に広く受け入れられるもの、③偽造防止の観点から適切なもの、という条件を勘案して、ヒルは、切手のデザインにはヴィクトリア女王の肖像が相応しいとの結論に到達し、自らペンを取ってラフ・スケッチを作成します。（図1）

聖書に登場する「カエサルのモノはカエサルへ」との表現を持ち出すまでもなく、古来、国王の肖像は貨幣に刻まれ、国民の間を流通していました。それは、本来、誰がその地域の支配者であるか、利用者に目に見えるかたちで示すため

当時の銀貨

当時の金貨

図2 ワイオンのメダル

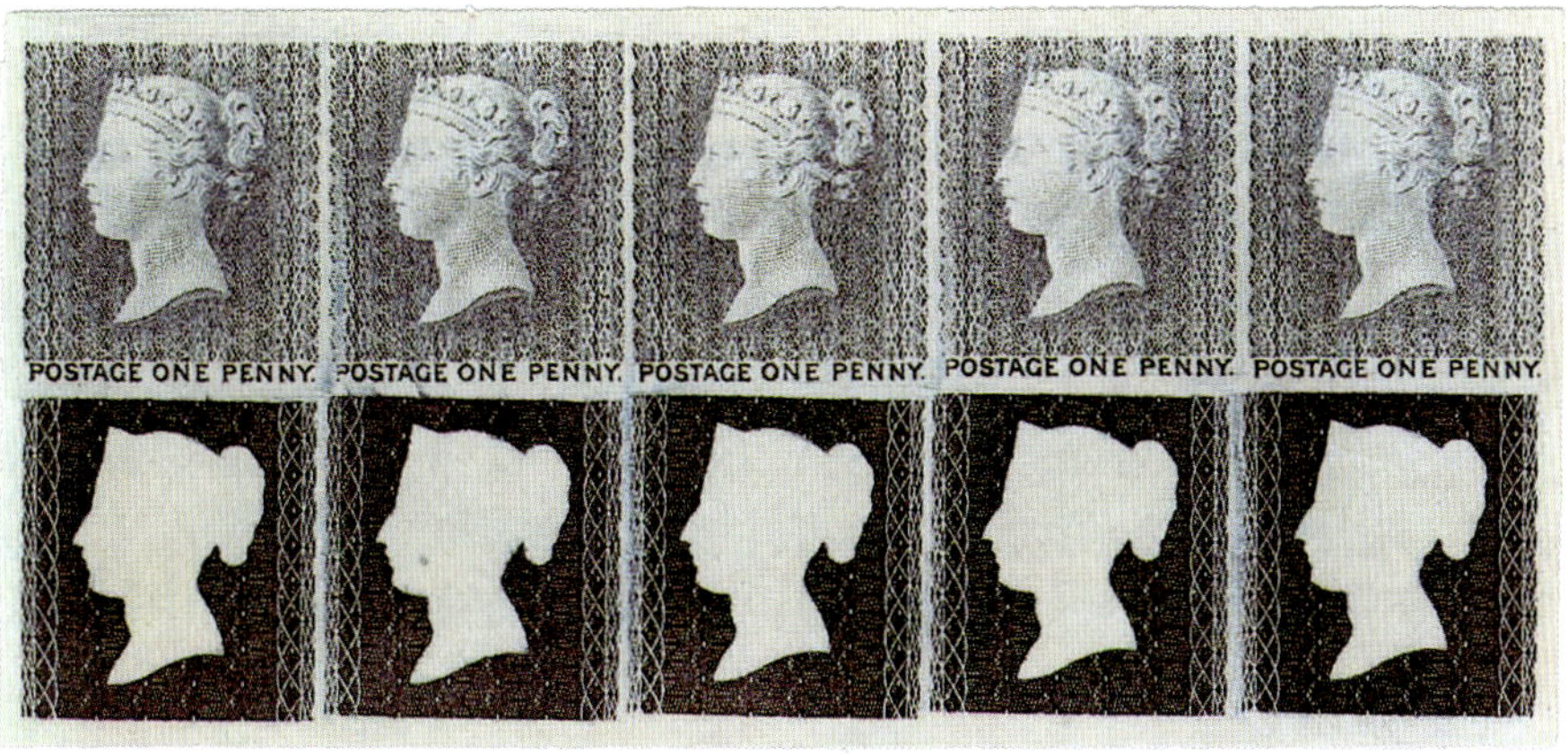

図3 1840年1月10日頃に制作された最初の原版での試刷（上段）と1月16日に彫り直した背景の試刷（下段）を比較対照した資料

のものでしたが、国民の側では抽象的な愛国心を図像化するイコンの役割を果たすものでもありました。また、見慣れた人間の顔というのは、微細な変化であっても、見る者はすぐに違和感をおぼえますから（顔の造作そのものが大きく変わったわけではないのに、「顔色が悪いね。どうしたの？」と声をかけられた経験は誰しもあると思います）、偽造防止という観点でもうってつけの題材です。

こうしたことから、最初の切手のデザインが女王の肖像となったのも、いわば自然な成り行きだったといえましょう。

題材が決まると、女王のどの肖像を用いるか、ということが次の問題となりましたが、最終的に、1837年11月9日、ロンドン市長ジョン・コーワンの就任式に際して女王がギルドホール（ロンドン市庁舎）を行幸した際に作られた記念メダル（図2）。彫刻者のウィリアム・ワイオンにちなんで〝ワイオ

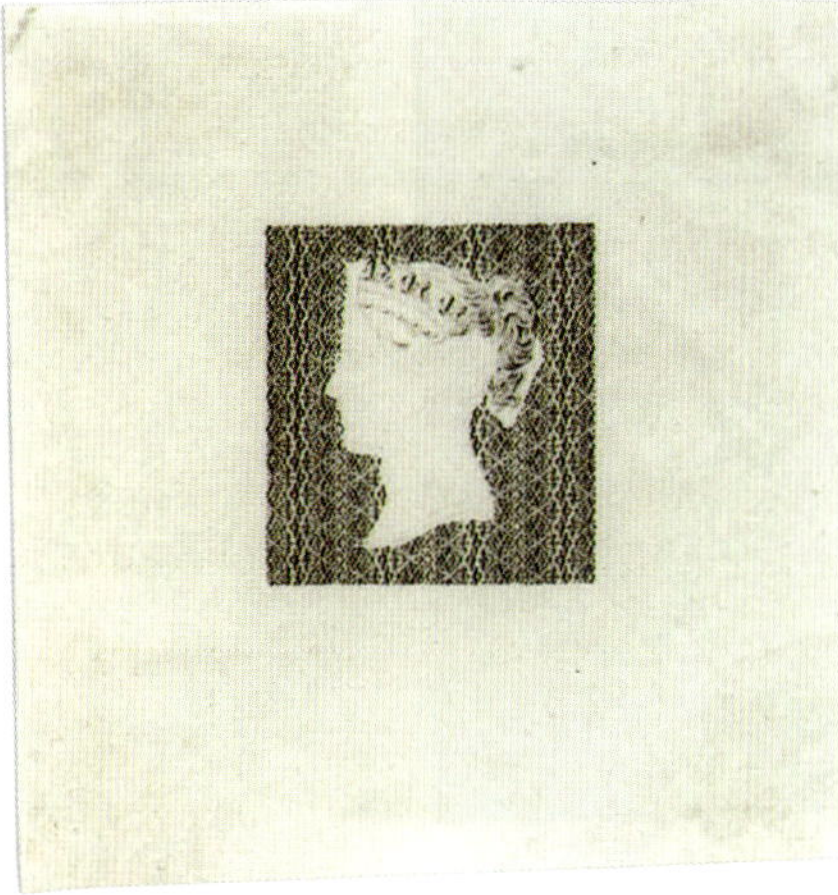

図4 1月10日の時点での背景の彩紋の試刷

図5 1月10日の肖像と同16日の彩紋を組み合わせた試刷

ンのメダル〟と呼ばれています）の肖像を元に原画を制作するという方針が決められ、デザイナーのヘンリー・コーバウルドが、ワイオンのメダルをもとに、切手に用いる女王の肖像を作成しました。

パーキンス・ベーコン・アンド・ペッチ社に切手の製造が発注されたのは1839年12月のことで、前述の条件は、原版の彫刻費用が79ポンド、印刷代は用紙を除いて1000枚当たり8ペンス、納期は契約後5週間です。

コーバウルドの原画をもとに原版の彫刻を担当したのはチャールズ・ヒース父子で、最初の原版は年明け早々の1840年1月10日頃に完成しました。

この時点の試刷（図3・4）では、印面の下部に〝郵便料金〟を意味する〝POSTAGE〟の文字と額面の〝ONE PENNY〟の文字が入ったデザインでしたが、彫刻の度合いが軽すぎるとの理由で彫り直しとなりました。

このため、1月16日、背景の彩紋がやや暗い感じに修正され、とりあえず、最初の肖像と組み合わせた試刷が作られます。（図5）

女王の肖像部分を修正した原版（図6）が完成したのは2月20日です。この時点では、まだ、文字は入っていませんが、とりあえず、大蔵大臣を通じて試刷は女王のチェックを受け、女王は大いに満足されたことが現場にも伝えられました。

実際に発行された切手では、〝POSTAGE〟の表示が切手の上部に、額面の〝ONE PENNY〟が切手の下部に白抜きで入っていますが、このスタイルの原版ができあがったのは3月4日（図7）のことでした。この時点では、4隅は空欄のスペースとなっていましたが、同8日には〝POSTAGE〟の両脇に〝スター〟と呼ばれる文様が入ります。（図8）

〝スター〟は、女王が着用していた王冠に由来するものですが、もともと、この王冠はジョージ4世（在位1820～30）のもので、切手上のデザイ

図6 1840年に完成した女王の肖像部分の試刷

図7 3月4日の時点での原版からの試刷

図8 上段左右に“スター”の文様が入った状態の原版

ンとしては、クロス・パティー（脚付きの十字）の中心に星を配した構図になっています。

ジョージ4世（図9）は1762年生まれ。皇太子時代は放蕩の限りをつくし、国王の歳費が83万ポンドだった時代に個人で40万ポンドもの借金を作ったほか、1791年には自らの所有する競走馬エスケープ号を使った八百長事件を起こしています。さらに、カトリックのフィッツハーバート夫人を何としてもわがものにしようと騒動を起こし、困り果てた父王ジョージ3世が、借金の帳消しを条件に、1795年、ハノーヴァー家（英王室）とは同族のブラウンシュヴァイク＝ヴォルフェンビュッテル侯の娘、キャロラインと政略結婚させたものの、キャロラインとは折り合いが悪く、「彼女と同衾《どうきん》したのは結婚初夜だけだ」と自ら吹聴して回る始末でした。（ちなみに、夫婦の唯一の子であるシャーロットが生まれたのは、結婚翌年の1796年のことです）

その後、ジョージ3世は1811年に精神を病んで国王としての職務を遂行できなくなり、1820年に崩御するまでの10年間、皇太子のジョージ4世が摂政を務めたわけですが、ジョージ3世が正気を失ったそもそもの原因は息子の不品行に悩まされたためとまで言われたほどです。

このように、かなりの“問題児”だったジョージ4世でしたが、1821年の戴冠式の後、1714年に断絶した旧王朝、ステュアート家の故地スコットランドを訪問し、かの地の民族衣装キルト姿で地元の代表を接見したことで、イングランドに対するスコットランドの怨念を氷解させたとされています。この結果、政治的には名君と評価する人も少なくありません。

なお、1830年、ジョージ4世は崩御し、王位は弟のウィリアム4世が継承しましたが、彼もまた1837年に崩御したことで、姪のヴィクトリアが王位を継承しました。

図9 ジョージ4世の肖像を取り上げた2011年の英国切手

図10 喪服姿のヴィクトリアを描く1987年（ヴィクトリア即位150年）の英国切手

ただし、ヴィクトリアはジョージ4世の（物理的な）王冠は継承したものの、彼の不品行には嫌悪感を抱いており、自らは謹厳な生活を貫いて、夫であるアルバート公の死後は喪服で過ごしたことは有名です。（図10）

一方、切手の下部には、中央に額面を示す〝ONE PENNY〟の文字と、両脇には、チェック・レターと呼ばれるアルファベットが左右に一字ずつ入るスペースが設けられました。

ペニー・ブラックのシートは横12×20の２４０面構成になっていますが、これは、当時の英国の通貨単位に合わせて、横一列12枚で1シリング（＝12ペンス）、シート全体で1ポンド（＝20シリング＝２４０ペンス）になるようにしたためです。

英国の通貨は、１９７１年に十進法が導入されて1ポンド＝１００ペンスに切り替えられるまでは12進法でした。計算上は不便ですが、かつての秤量貨幣の時代（図11）には、貴金属や商品などを2等分・3等分・4等分にして、それに対応する料金を支払うということが日常的に行われていましたから、その場合には12進法が便利でした。そもそも、〝ポンド〟という通貨単位そのものが重量の単位に由来することを思い出していただければ、お分かりいただけるでしょう。

さて、チェック・レターは、シート左上端のＡＡから始まって、左側の文字は、その切手がシートの上から何段目にあるかを、右側の文字はシートの左から何列目にあるかを示しています。たとえば、チェック・レターがＳＡであれば、下から2段目の左から1番目の切手ということがわかるという仕組みです。（図12）

２４０面のシートに対応して、チェック・レターの組み合わせは左上端のＡＡから右下端のＴＬにいたるまで２４０種類存在します。したがって、右側の文字がL以降のMやSになっていれば、直ちにそれは偽造であることがわかりますし、同じ組み合わせのチェックレター（の切手を貼った郵便物）が一度に何枚も郵便局に持ち込まれれば、局員は怪しんでチェックするだろうと考えられたわけです。

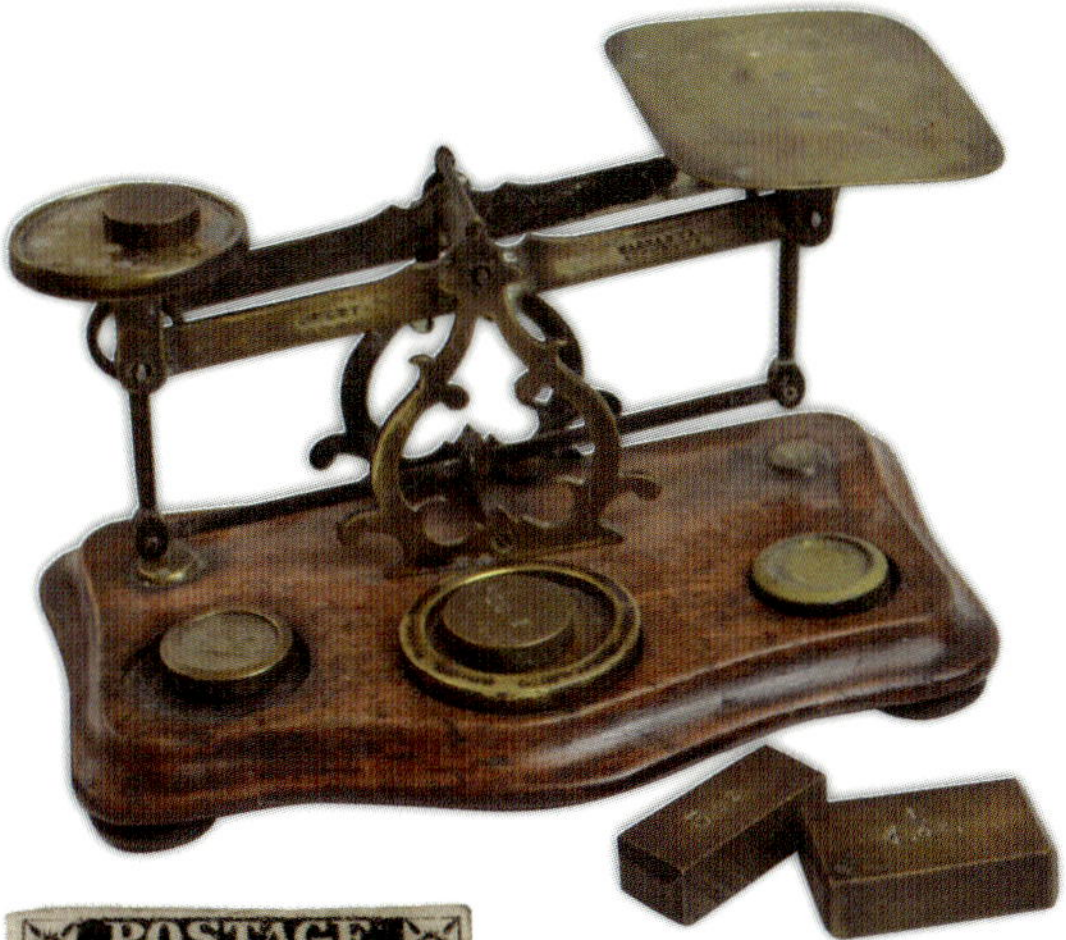

図11 当時の郵便局で使われていたはかり

AA	AB	AC	AD	AE	AF	AG	AH	AI	AJ	AK	AL
BA	BB	BC	BD	BE	BF	BG	BH	BI	BJ	BK	BL
CA	CB	CC	CD	CE	CF	CG	CH	CI	CJ	CK	CL
DA	DB	DC	DD	DE	DF	DG	DH	DI	DJ	DK	DL
EA	EB	EC	ED	EE	EF	EG	EH	EI	EJ	EK	EL
FA	FB	FC	FD	FE	FF	FG	FH	FI	FJ	FK	FL
GA	GB	GC	GD	GE	GF	GG	GH	GI	GJ	GK	GL
HA	HB	HC	HD	HE	HF	HG	HH	HI	HJ	HK	HL
IA	IB	IC	ID	IE	IF	IG	IH	II	IJ	IK	IL
JA	JB	JC	JD	JE	JF	JG	JH	JI	JJ	JK	JL
KA	KB	KC	KD	KE	KF	KG	KH	KI	KJ	KK	KL
LA	LB	LC	LD	LE	LF	LG	LH	LI	LJ	LK	LL
MA	MB	MC	MD	ME	MF	MG	MH	MI	MJ	MK	ML
NA	NB	NC	ND	NE	NF	NG	NH	NI	NJ	NK	NL
OA	OB	OC	OD	OE	OF	OG	OH	OI	OJ	OK	OL
PA	PB	PC	PD	PE	PF	PG	PH	PI	PJ	PK	PL
QA	QB	QC	QD	QE	QF	QG	QH	QI	QJ	QK	QL
RA	RB	RC	RD	RE	RF	RG	RH	RI	RJ	RK	RL
SA	SB	SC	SD	SE	SF	SG	SH	SI	SJ	SK	SL
TA	TB	TC	TD	TE	TF	TG	TH	TI	TJ	TK	TL

図12 シート構成とチェック・レターの関係

通貨制度とシート構成

ペニー・ブラックのシートがそうであったように、郵便創業時のわが国の龍文切手のシート構成も当時の通貨制度を反映したものでした。

当時の日本では金貨１両は銭4000文、銀60匁（224.4ｇ）に相当していました。補助貨幣として分と朱があり、1両＝４分、１分＝４朱です。また、銭は100文ごとに括った緡（さし）がつくられ、緡に関しては、手数料と紐代を込として96枚の銭が括られていれば、100文とみなすという慣例がありました。48文というのは、緡の半分、実質50文相当を意味していました。

龍文切手のシートは横1列８枚の５段組、計40面の構成ですが、これは、100文切手であれば１シートが1両に相当しています。縦１列、５枚分で切り取れば500文相当で２朱となり、横1列、８枚分で切り取れば800文相当、すなわち1両の５分の1として、銀12匁になります。

日本最初の切手の額面、48文は、一見半端なようにも見えるが、当時の通貨制度では違和感なく受け入れられる金額だった。

図1 チャルマーズの提案した「料金前納の証紙に局名入りの日付印を押す」というプランのサンプル

図2 マルタの不足料切手に取り上げられた本来の“マルタ十字”の例

マルタ十字印

切手の制作と並行して、その再使用を防ぐための手段も検討されました。

1839年の公募では、ジェイムズ・チャルマーズが、料金前納の証紙を貼った郵便物に局名が入った日付印を押すというアイディアを提案しています。（図1）

なお、チャルマーズとその遺族は、チャルマーズがこのアイディアを1834年までに思いつき、1838年4月5日付の『ポスト・サーキュラー』誌（ローランド・ヒルの支援者であったヘンリー・コールが郵便改革の必要を訴えるために発行していた新聞）にその内容を投稿したことをもって、ヒルではなく、自分たちこそが「切手の発明者である」と主張しています。

一方、ヒルも切手の再使用を防ぐ手段として、1840年2月、日付入りの印を押すことを郵政省に提案しました。しかし、ヒルとは折り合いの悪かった郵政次官のウィリアム・メーバレーは日付印のアイディアを却下し、日付部分を更植する必要がない抹消専用の印として、マルタ十字印を使用するという対案を採用します。

〝マルタ十字〟というのは、キリスト教の騎士修道会、聖ヨハネ騎士団（マルタ騎士団）のシンボルで、4つの▼を組み合わせて作られているため、8つの角があります。ヨーロッパでは勲章のデザインなどに盛んに用いられているほか、英国ではライフル連隊の紋章としても用いられました。（図2）

しかしながら、実際に使用された〝マルタ十字印〟のデザインは▼の字を組み合わせた鋭角的なものではなく、角が丸みを帯びており、一般的な〝マルタ十

図4　ペニー・ブラックに代わって発行されることになったペニー・レッド（無目打）。黒い消印がハッキリと見える。

字〟とはかなり異なっています。それにもかかわらず、なぜ、このタイプの消印が〝マルタ十字印〟と呼ばれるようになったのか、現在となっては、その理由はよくわかりません。

いずれにせよ、1840年3月の会議には〝マルタ十字印〟のサンプルが提出され（図3）、「印顆《いんか》1本1シリングで、1週間に1000本納品させることが可能」との提案を受け、4月上旬、2000本のマルタ十字印の製造が発注されました。

この時作られた印顆は、いずれも手彫による突貫作業で作られたため、細部にさまざまなヴァラエティがあります（14頁参照）。

なお、4月25日付の郵政次官通達では、切手発行後の消印のインクは、赤色の印刷インクに亜麻仁油《あまにゆ》およびオリーヴ油を混ぜたものを使用するよう指示が出され、しばらくは赤色のマルタ十字印が使用されていました。

しかし、切手の発行後、切手の表面にニスを塗っておくと、あとから石鹸でインクを洗い落とせてしまうことが判明。このため、消印の印色は黒色に変更されます。そして、黒色の切手に黒色の消印ではよく見えないため、1841年2月10日、1ペニー切手の刷色は赤色に変更され、ペニー・ブラックは〝ペニー・レッド〟と交替することになります。（図4）

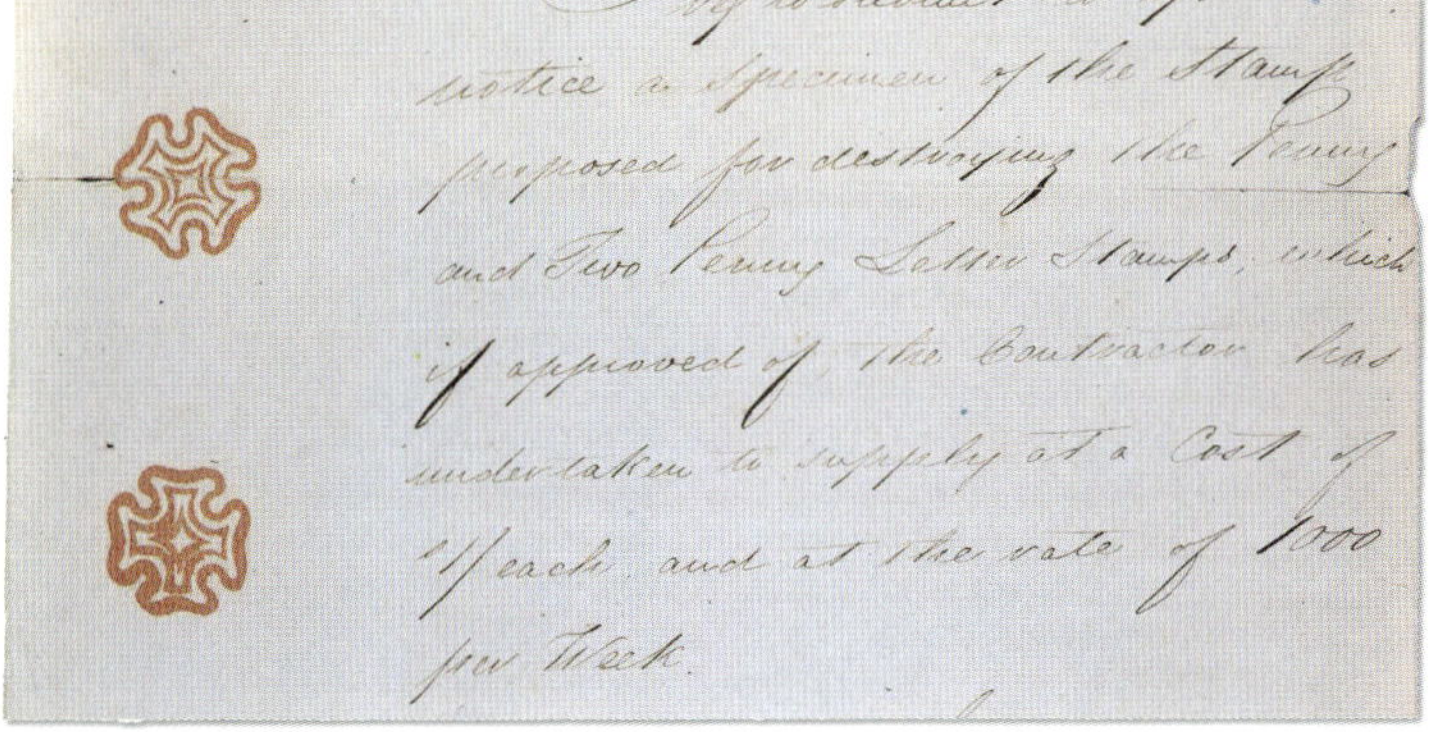
March 31st 1840.

Sir,

I beg to submit to your notice a Specimen of the Stamp proposed for destroying the Penny and Two Penny Letter Stamps, which if approved of the Contractor has undertaken to supply at a Cost of 1/ each and at the rate of 1000 per Week.

図3　マルタ十字印のサンプル印影を押した資料「局名入りの日付印を押す」というプランのサンプル

ペニー・ブラックの誕生

　こうして、諸々の準備が整えられたことをうけて、1840年4月16日、いよいよペニー・ブラックの印刷が開始されました。（図1）

　印刷に用いられた機械は、パーキンス・ベーコン・アンド・ペッチ社の創業者で社長のパーキンスが紙幣印刷用に開発した平台凹版《ひらだいおうはん》印刷機で、1日19万枚の切手製造が可能でした。パーキンスの工場では、これを5台投入し、フル稼働で作業を進めます。

　印刷に使われた用紙は、偽造防止のため、王冠の透かし（図2）が入った厚

図1 ペニー・ブラックの印刷作業風景

図2 ペニー・ブラックに入れられた王冠型の透かし

手の無地紙が用いられ、裏面には水溶性の糊が塗られており（当時の英語表現では、この裏糊のことを〝セメント〟と呼んでいました）、裏糊を舐めれば、封筒に貼りつけられるようになっていました。裏糊の原料として用いられたのは、アラビアガム（アラビアゴムとも）液です。

アラビアガムはアカシア属の植物で、原産地はアラビアではなく、北アフリカのナイル地方です。ちなみに、植物としてのアラビアガムの学名のAcacia senegalを直訳すると、〝セネガル・アカシア〟となり、これもアラビアとは無関係です。

原料としては、樹皮に傷をつけると粘液が分泌されるので、それを乾燥させて固めたものを、再度溶かして用います。現在の切手の裏糊は化学合成されるものが大半で、アラビアガムを使用することはほとんどなくなっていますが、アイスクリームやガムシロップなどの食品、錠剤のコーティング、絵具、インクなどの原料としては、現在でも盛んに用いられています。

アラビアガムの生産地はアフリカ北部に集中していますが、19世紀の時点では英国が世界の市場を独占しており、英国にとっては、切手の裏糊として調達することは容易でした。

ちなみに、ペニー・ブラックの発行当時の英国人にとっては、〝スタンプ（stamp）〟というと、切手ではなく、封筒の上に押された料金収納の印を想像するのが一般的で、切手のことは〝ラベル〟とか〝アドヒーシヴ（adhesive）〟などと呼ぶのが主流派でした。

アドヒーシヴというのは、辞書的な

図3 世界最初の目打入り切手となった1854年のペニー・レッド

図4 ペンス・ブルー

意味では〝粘着性の（もの）〟のことで、そこから転じて〝接着剤（のついたもの）〟という意味で、現在でも、日常的に用いられています。

なお、現在では切手のシンボルとされることの多い目打ですが、ペニー・ブラックには目打は入っておらず、試験的な目打の穿孔《せんこう》が始まったのが1850年、世界最初の目打入り切手（図3）が発行されたのが1854年のことでした。

したがって、ペニー・ブラックの時代には、裏糊こそが切手のシンボルだったというわけです。

こうして、1840年4月27日までに6815万8080枚（1シートは240面なので、シート単位では28万3992シート）の切手がロンドン中央郵便局に搬入され、英国各地の郵便局に配給されていきました。

そして、5月1日、ついに世界最初の切手ペニー・ブラックは発売されます。ただし、実際に郵便に使用できたのは、5月6日からでした。

なお、ペニー・ブラックは1／2オンスまでの基本重量用の料金に対応したものでしたので、当時に、2倍重量用の2ペンス切手（図4）の発行も計画されていましたが、作業が遅れたため、郵便局での発売は5月6日以降にずれ込んでいます。

マルレディ・カバーと異なり、切手の評判は利用者の間でも上々で、発売初日のロンドン管内だけで60万枚の切手が売りさばかれたと記録されています。また、5月半ばには、切手の供給が需要に追いつかず、パーキンス・ベーコン社は徹夜作業で1日50万枚もの切手を製造したといわれています。

かくして、切手の歴史は華々しく幕を明けたのです。

あとがき

　世界最初の切手、ペニー・ブラックに関する書籍はこれまでにも数多く発行されています。ただ、その多くは専門的な内容のため、一般の読者が気軽に読むという雰囲気ではなかったように思います。

　切手やフィラテリーの面白さを一人でも多くの人に味わってもらいたいと思っている僕としては、より多くの人にペニー・ブラックに親しんでもらえるような本を作りたいと前々から考えていました。そして、そのための準備作業として、雑誌『キュリオマガジン』2014年5月～12月号に「ペニーブラック物語」と題する連載記事を書きながら、機会をうかがっていました。

　そこへ、日本郵趣出版の落合宙一社長から、「新しく〝切手ビジュアルヒストリー・シリーズ〟を立ち上げるのだが、本年（2015年）はペニー・ブラック発行175年ということで、5月にはロンドンで欧州国際切手展が開催され、関連の記念切手もいろいろと発行されたし、日本国内でも10～11月の全国切手展〈JAPEX〉で〝イギリス切手展〟の特集展示を組むことになったので、それに合わせて、新シリーズの第1巻としてペニー・ブラックの本を作らないか」とのオファーを戴きましたので、喜んでお引き受けしたという次第です。

　さて、本書は、前述の『キュリオマガジン』の連載記事をベースに、大幅な加筆を施したものですが、その中には、雑誌『英語研究』2013年4月～2014年3月号に連載した拙稿「切手の帝国：ブリタニアは世界を駆けめぐる」の内容の一部も含まれています。この点につきましては、あらかじめご了承ください。

　また、本書の制作に際しては、日本郵趣出版の落合社長以下、同社のスタッフのみなさん、特に、図版・資料類の手配に関して千葉晋一さんに、また、装丁を含むデザイン上の処理については三浦久美子さんに大変お世話になりました。

　末筆ながら、謝意を表して筆を擱くことにいたします。

2015年10月　　著者記す

【主要参考文献】紙幅の制約から、特に重要な引用等を行ったもの以外は、原則として、切手に関する単行本書籍のみを挙げている。

ローランド・ヒル（松野修訳）『郵便制度の改革――その重要性と実行可能性』名古屋仮説会館1987年／サー・ローランド・ヒル、ジョージ・バークベック・ヒル（本多静雄訳）『サー・ローランド・ヒルの生涯とペニー郵便の歴史（上・下）』財団法人逓信協会　1988年／星名定雄　『郵便の文化史――イギリスを中心として』みすず書房1982年／同『郵便と切手の文化史＜ペニー・ブラック物語＞』法政大学出版局1990年／『イギリス郵便史文献散策』郵研社2012年／スタンペディア　「ペニーブラック発行175周年記念　GREAT BRITAIN 1840－1951　スタンペディア英国クラシック切手カタログ」無料世界切手カタログ・スタンペディア2015年／Bart, J.W. The Royal Philatelic Collection, The Dropmore Press Ltd, 1953／Club de Monte-Carlo PHILATELIC EVENTS THAT CHANGED THE WORLD, Europhilex Stamp Exhibition London, 2015；Douglas, N.M. Postal Reform and The Penny Black, A New Appreciation, National Postal Museum, 1990／Grimwood-Taylor, J. The Post in Scotland, Stamp Publicity Board, 1990／Jefferies, H.(ed.) Stanley Gibbons Great Britain Specialised Catalogues: Queen Victoria: Volume 1(16th edition), Stanley Gibbons Publication, 2011／London 2015 EUROPHILEX International Philatelic Exhibition Catalogue, 2015／Litchfield, P. C. Guide Lines to the Penny Black, R. Lowe, 1986／Midland(GB) Postal History Society, The Local Posts of the Midland Counties to 1840, Midland(GB) Postal History Society, 1993／Nissen, C. The Plating of the Penny Black Postage Stamp of Great Britain, Stanley Gibbons Limited; 3rd Revised edition, 2008／Proud, E. B. 1840 ONE PENNY BLACK PLATES International Postal Museum, 2015／De Roghi, A.G.R. The Story of the Penny Black and its Contemporaries, The National Postal Museum London, 1980

英国地図

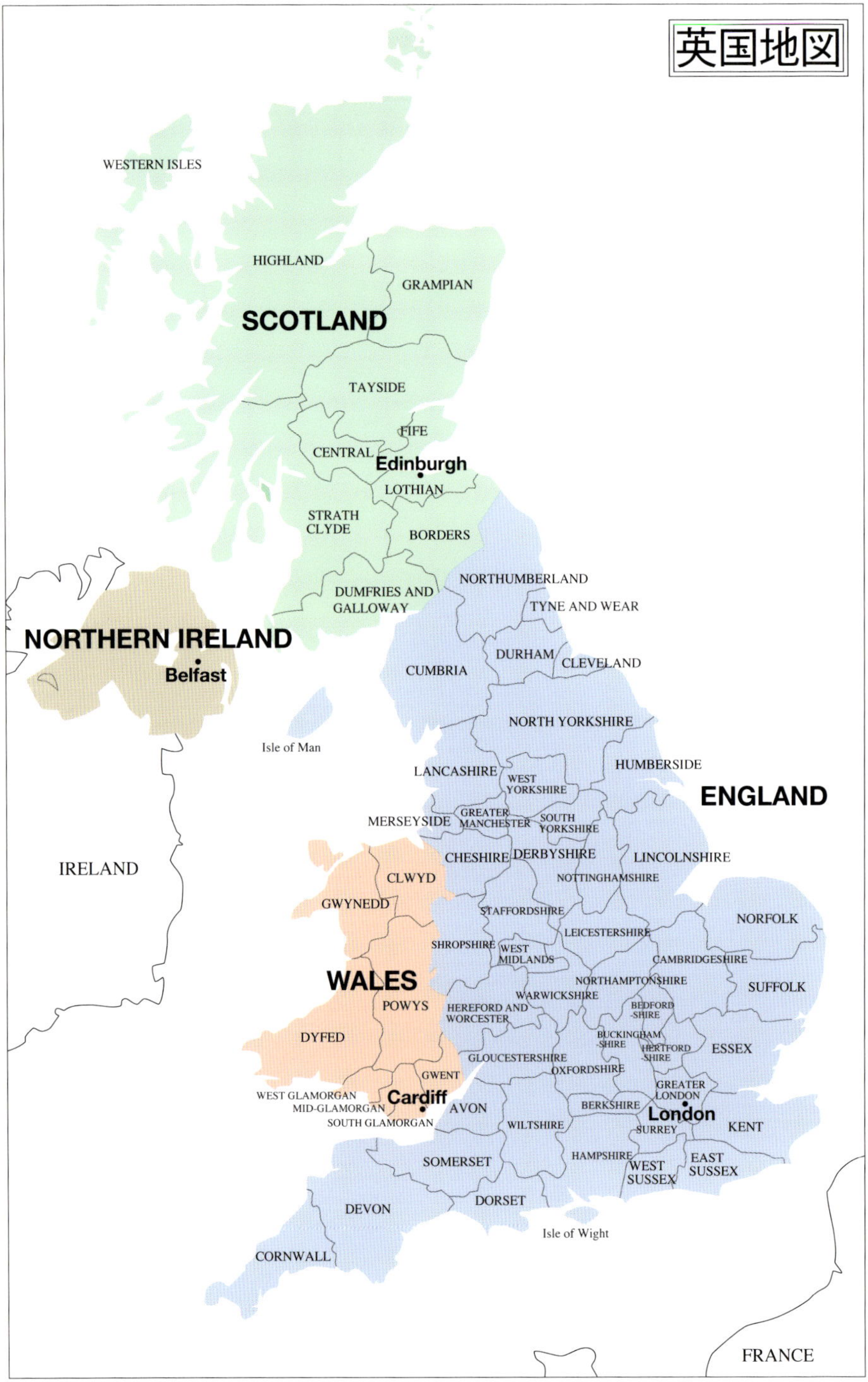
WESTERN ISLES
HIGHLAND
GRAMPIAN
SCOTLAND
TAYSIDE
FIFE
CENTRAL
Edinburgh
LOTHIAN
STRATH CLYDE
BORDERS
DUMFRIES AND GALLOWAY
NORTHERN IRELAND
Belfast
NORTHUMBERLAND
TYNE AND WEAR
DURHAM
CLEVELAND
CUMBRIA
NORTH YORKSHIRE
Isle of Man
LANCASHIRE
WEST YORKSHIRE
HUMBERSIDE
ENGLAND
MERSEYSIDE
GREATER MANCHESTER
SOUTH YORKSHIRE
IRELAND
CHESHIRE
DERBYSHIRE
LINCOLNSHIRE
CLWYD
NOTTINGHAMSHIRE
GWYNEDD
STAFFORDSHIRE
NORFOLK
SHROPSHIRE
WEST MIDLANDS
LEICESTERSHIRE
CAMBRIDGESHIRE
WALES
NORTHAMPTONSHIRE
SUFFOLK
POWYS
WARWICKSHIRE
HEREFORD AND WORCESTER
BEDFORD -SHIRE
DYFED
BUCKINGHAM -SHIRE
HERTFORD -SHIRE
ESSEX
GLOUCESTERSHIRE
GWENT
OXFORDSHIRE
WEST GLAMORGAN
MID-GLAMORGAN
SOUTH GLAMORGAN
Cardiff
AVON
GREATER LONDON
BERKSHIRE
London
WILTSHIRE
SURREY
KENT
SOMERSET
HAMPSHIRE
WEST SUSSEX
EAST SUSSEX
DORSET
DEVON
Isle of Wight
CORNWALL
FRANCE

著者プロフィール
内藤陽介（ないとう・ようすけ）

1967年、東京都生。

東京大学文学部卒業。郵便学者。

日本文芸家協会会員。フジインターナショナルミント株式会社・顧問。

国際郵趣連盟およびアジア郵趣連盟審査員。

切手等の郵便資料から国家や地域のあり方を読み解く「郵便学」を提唱し研究・著作活動を続けている。

主な著書

『解説・戦後記念切手』（全7巻＋別冊1） 日本郵趣出版 2001～09年／『年賀状の戦後史』 角川oneテーマ21 2011年／『朝鮮戦争』 えにし書房 2014年 ／『日の本切手 美女かるた』日本郵趣出版 2015年 など。

* http://yosukenaito.blog40.fc2.com/

英国郵便史 ペニー・ブラック物語
2015 年 11月 15日 初版第 1 刷発行

著　者	内藤陽介
発　行	株式会社 日本郵趣出版 〒171-0031 東京都豊島区目白 1-4-23 切手の博物館4階 電話 03-5951-3416（編集部直通）
発 売 元	株式会社 郵趣サービス社 〒168-8081 東京都杉並区上高井戸 3-1-9 電話 03-3304-0111（代表） FAX03-3304-1770 http://www.stamaga.net/
編　集	千葉晋一
装　丁	三浦久美子
印刷・製本	シナノ印刷株式会社

平成27年9月30日 郵模第 2561号

ISBN978-4-88963-789-2　C0076